Heinz Haber:
Die Zeit

Geheimnis des Lebens

Mit 82 zum Teil farbigen Fotos und Grafiken

W0196931

Widmung
Für meine Kinder:
Prof. Dr. Kai Haber, Cathleen Busch-Haber und
Marc Haber

Und meine Enkelkinder:
Martin Busch, Paige Haber und B. Wolfgang Haber

Inhalt

Vorwort

Mir will scheinen, daß die großartige Idee des Engländers Charles Darwin aus dem vorigen Jahrhundert, der Begriff der Evolution, im Bewußtsein bei uns Menschen auch heute noch nicht recht Fuß gefaßt hat. Das ist sehr schade, denn die Grundidee von Darwin, daß sich alles entwickelt hat und sich auch weiterhin entwickeln wird, ist eines der brillantesten Konzepte in der Geistesgeschichte der Menschheit. Die Gründe für die Abwehr haben mich schon seit langem fasziniert, da für jeden Naturwissenschaftler – Astronomen, Geologen oder Biologen – diese Ideenwelt unverzichtbar ist. Sonst wird uns das ganze Universum in seiner Geschichte, in seinem jetzigen Zustand und seiner abschätzbaren Zukunft völlig unverständlich bleiben.

Sodann will mir scheinen: Der Hauptgrund, weshalb der menschliche Intellekt sich gegen diese Evolutionstheorie wehrt, liegt wohl darin, daß unsere Erlebniswelt, und damit verbunden unser Vorstellungsvermögen, über das Wesen der Zeit so beschränkt sind. Sie bleiben weit hinter den Dimensionen der Zeiträume, welche die

Evolution beansprucht, zurück. Der Titel des Buches: »Die Zeit – Geheimnis des Lebens« will diese Gedankenwelt umschreiben.

Mir bleibt nun noch übrig, meinem Verleger, Herrn Dr. Fleissner, für sein großes Interesse an diesem Buch herzlichst zu danken. Dabei möchte ich auch meine liebenswürdige Lektorin, Frau Anne Fahr-Becker, erwähnen, die schon meine beiden vorangegangenen Bücher betreut hat.

Besonderen Dank gebührt auch hier meinem langjährigen Freund und Grafiker Bernhard Ziegler, der mit künstlerischem Gespür das Layout dieses Buches mitgestaltet hat. Seine Originalgrafiken sind großartige anschauliche Ergänzungen zu meinem Text. Das Buch trägt somit auch seine Handschrift.

Wie immer möchte ich auch meiner Frau herzlichen Dank sagen, daß sie, wie bei allen meinen bisherigen Büchern, auch dieses Mal mir ihren klugen Rat zuteil werden ließ.

Hamburg, Juni 1987   Heinz Haber

1

Die Zeit, die wichtigste Zutat im Rezept des Lebens

Jede Generation hat ihre Probleme. Typisch ist es auch, daß jede Generation glaubt, daß just ihre Probleme die schwierigsten seien, die es in der Geschichte der Menschheit jemals gegeben hat. Wenn wir unsere Generation betrachten, so steckt in dieser Ansicht eine gewisse Berechtigung. Es gibt heute wirklich tiefe Sorgen, die es früher nicht gegeben hat.

Mit der fortschreitenden Beherrschung der Naturkräfte, die schon seit mehr als hundert Jahren zu ihrer Nutzung in der Technik geführt hat, sind historisch wirklich neue Probleme entstanden, die vor uns keine Generation zu bewältigen hatte. An dieser Stelle soll das einmal mit dem Schlagwort »Umweltverschmutzung« gekennzeichnet sein. Dazu gehören die Vergiftung unserer Atmosphäre, unserer Flüsse und auch die unheimlichen, noch nicht richtig verdauten Folgen selbst der friedlichen Anwendung der Kernenergie. Hinzu kommt noch das vielleicht größte Problem unserer Generation: die Überbevölkerung. Diese wird im täglichen politischen und soziologischen Streitgespräch meist unter den Teppich gekehrt. Überbevölkerung jedoch ist das größte Problem. Der geistreiche englische Essayist und Wissenschaftler Aldous Huxley hat schon vor mehr als dreißig Jahren ein einprägsames Wort über die Gefahren der Überbevölkerung gesagt: »Ungelöst wird dieses

Problem alle unsere anderen Probleme unlösbar machen.«

Sind die Probleme unserer Zeit nun wirklich unlösbar? Wenn ich die Geschichte der Menschheit betrachte, so stelle ich fest, daß jede Generation ihre eigenen Probleme – so unlösbar sie zu ihrer Zeit auch erschienen – doch immer wieder gelöst hat. Freilich oft mit großen Opfern und ungeheurem menschlichen Leid. Doch das Leben ging weiter. Wäre dies nicht der Fall gewesen, dann gäbe es die Menschheit heute ja nicht mehr.

Wie sieht es also mit unserer Zukunft aus – heute in unserer Generation und im Hinblick auf unsere Kinder? In der vorliegenden Schrift sollen bestimmt keine Patentlösungen für die Probleme unserer Generation angeboten werden. So etwas ist für jeden Zeitgenossen unmöglich. Indessen haben die Menschen immer schon ein instinktives Gefühl dafür gehabt, daß man für die Zukunft Hoffnung schöpfen kann, wenn man die Vergangenheit betrachtet; wenn man also versucht, Lehren aus der Vergangenheit zu ziehen, die uns Einsichten vermitteln, wie die Zukunft vielleicht aussehen könnte. Der große Reiz der Zukunft besteht ja wirklich darin, daß sie echt unvorhersagbar ist. Ein Segen ist es, daß wir den Zeitpunkt unseres Todes nicht wissen. So können wir also, auch im vorgeschrittenen Alter, immer noch hoffen.

Nachdenkliche Menschen haben immer schon Geschichte erforscht. Darin nämlich liegt vielleicht die einzige Möglichkeit, sinnvolle Voraussagen über die Zukunft anzustellen. Man vertraut dabei darauf, daß die Gesetze des Werdens und Vergehens immer die gleichen waren. Eine andere Möglichkeit der Vorausschau der Zukunft ist uns Menschen nicht gegeben. Wir müssen versuchen, die Gesetze der Entwicklung möglichst gut zu erfassen, um damit

Entwicklung der Weltbevölkerung während der letzten 11 000 Jahre. Bis zum Jahre 2000 v. Chr. lebten weniger als 100 Millionen Menschen. Zur Zeitenwende waren es 250 Millionen und im Jahre 1650 500 Millionen. Die Pest im 14. Jahrhundert hat einen merklichen Knick in der Kurve hinterlassen. Vor 150 Jahren wurde die erste Milliarde überschritten, und dann kam der geradezu unglaubliche Anstieg. 1928: 2 Milliarden und im Sommer 1987: 5 Milliarden.

Pest

Milliarde Menschen

5 — 4 — 3 — 2 — 1 —

3000   2000   1000   Chr.Geb.   1000   2000 n.Chr.

die Voraussetzungen zu schaffen, in die Zukunft zu schauen. Ob das Resultat katastrophal oder tröstlich ist, müssen wir erst durchdenken.

Diese Schrift ist also keineswegs eine bündige Vorausschau für die Zukunft, obwohl viele Menschen das am allerliebsten hätten. Das ist ja auch der Grund, weshalb Astrologen und Hellseher seit jeher so beliebt waren. Diese Scharlatane nämlich nehmen für sich in Anspruch, daß sie den Menschen ihre Zukunft und ihr Schicksal der kommenden Jahre voraussagen könnten. Daß alle diese abergläubischen Versuche völlig abwegig sind, hat die Geschichte laufend bewiesen – nicht nur die Geschichte von Nationen, sondern auch von einzelnen Menschen. Diese Schrift hat sich die Aufgabe gestellt, die Vergangenheit möglichst sauber und wissenschaftlich dokumentiert darzustellen. Das soll einem jeden von uns als Unterlage dienen, in die Zukunft zu schauen, da sich die Gesetze des Werdens und Vergehens kaum ändern dürften.

Bei dieser Betrachtung müssen wir zunächst einmal die besten Ideen der größten Geister der Geschichte der Menschheit ins Auge fassen. Dabei stellen wir fest, daß das menschliche Gehirn in der Person von historischen Figuren schon im Altertum und seit Beginn der Neuzeit hervorragende Einsichten gehabt hat. Zu Beginn hatte sich der Mensch – als er das Wesen seiner Existenz auf dieser Erde begreifen wollte – auf die Umwelt geworfen. Er wollte wissen, wie die Welt beschaffen ist, auf der wir leben. Ist die Erde eine Kugel, und was ist ihre Position im Weltall? Erst in jüngster Zeit sind – von religiösen Betrachtungen abgesehen – rein naturwissenschaftliche Ideen über das Wesen des Lebens ins Gespräch gekommen. Da hat der große englische Biologe Charles Darwin im vorigen Jahrhundert eine fundamentale Idee gehabt. Kurz gesagt: Nach Darwin ist das Leben nicht ad hoc entstanden, sondern es ist das Ergebnis einer unvorstellbar langen zeitlichen Entwicklung. Das ist die berühmte Darwinsche Evolutionstheorie. Sie wurde vielfach miß-

Charles Darwin (1809–1882)
in mittleren Jahren

verstanden und von religiösen Eiferern bitter bekämpft. Vielleicht liegt es daran, daß wir Menschen ein völlig falsches Zeitgefühl haben und daß die gewaltigen Zeiträume, welche die Darwinschen Ideen beanspruchen, unserer Vorstellungskraft über die Zeit völlig entzogen sind. Just dieses Thema soll in dieser Schrift ausführlich besprochen werden. Es soll gezeigt werden, daß wir zeitliche Eintagsfliegen sind, die in diesen gewaltigen Dimensionen der Zeit, welche das Verständnis der Darwinschen Ideen erfordert, gar nicht zu Hause sind.

Betrachten wir einmal eine geschichtliche Tatsache. Es ist bekannt, daß die letzte Eiszeit vor rund 10 000 Jahren zu Ende ging. Das war die Zeit, in der die Menschen aus den Höhlen hervorkrochen und in den milden Klimabedingungen der nun angebrochenen Zwischeneiszeit – in der wir noch heute leben – die Kulturgeschichte einläuteten. Kaum einer von uns macht sich klar, daß die Menschheit 99 Prozent ihrer Lebensdauer in primitiven Höhlen und in kleinen Trupps lebend verbracht hat. Trotzdem ging alles gut.

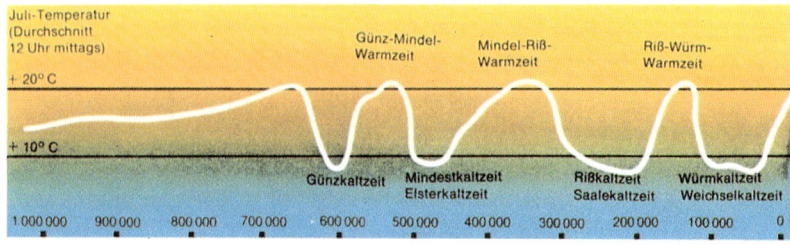

Ablauf der Eiszeiten während der letzten 750 000 Jahre. Die Juli-Durchschnittstemperaturen betrugen während der Eiszeiten nur etwa 10 Grad Celsius, während in den Zwischeneiszeiten die Temperaturen etwa 10 Grad höher waren. Die vier Eiszeiten sind nach Nebenflüssen der Donau – Günz, Mindel, Riß und Würm – benannt.

Unsere ganze Kulturgeschichte, auf die wir modernen Menschen mit Recht stolz sein können, ist also knapp 10 000 Jahre alt. Wie aber steht es mit den Zeiträumen davor? So müssen wir beispielsweise beachten, daß auch die Erde selbst in ihrer geologischen Geschichte enorme Ansprüche an Zeiträume hat. Auch das wollen wir betrachten. So stellen wir beispielsweise fest, daß das geologische Wunder des Grand Canyon gut zehn Millionen Jahre der Erdgeschichte erfordert hat, um zu entstehen.

Dabei ist der Grand Canyon noch gar nicht so furchtbar alt, auch bloß zehn Millionen Jahre. Wie schon gesagt, die letzte Eiszeit ging vor 10 000 Jahren zu Ende. Der Ursprung der Menschen auf unserer Erde ist natürlich nicht so genau festzulegen. Indessen können wir von uns Menschen behaupten, daß unsere allerersten Urahnen schon etwa vier Millionen Jahre alt sind. Jetzt wollen wir einmal nachdenken, nachdem wir diese Zahlen vor uns haben.

In den letzten Millionen Jahren gab es vier Eiszeiten, welche die aufkeimende Menschheit ganz gut überstanden hat. Nun ist das Leben auf der Erde nicht bloß eine Million Jahre alt – nein, es gibt es schon seit zwei oder drei Milliarden Jahren. Kaum einer von uns macht sich klar, was eine Milliarde von Jahren bedeutet. Eine

Milliarde sind tausendmal eine Million Jahre. Die Eiszeitstory, während der der Mensch schon gelebt hat, umfaßt nachweislich eine Million Jahre. So, jetzt wollen wir einmal zurückdenken und eine Milliarde Jahre zusammenzählen; d. h. wir müssen von eins bis tausend zählen. Jedes Mal, wenn wir die nächste Zahl abzählen, müssen wir den Zeitraum von einer Million Jahre abhaken. Kommen wir beispielsweise zu der Zahl siebenundfünfzig, dann sagen wir die Zahl achtundfünfzig. Zwischen diesen beiden Zahlen liegt eine Million Jahre. Kommen wir zur Zahl zweihundertsiebzehn und sagen dann zweihundertachtzehn – schon wieder haben wir eine Million Jahre verbraucht. Oder dann ein bißchen weiter: Wir kommen zur Zahl fünfhundertsiebenundfünfzig und schreiben fünfhunderachtundfünfzig – wiederum haben wir eine Million Jahre abgehakt. Das ist ungeheuer. Wenn wir jetzt zu neunhundertneunundneunzig kommen und die Zahl eintausend Millionen hinschreiben – d. h. eine Milliarde –, dann haben wir einen Eindruck bekommen, was der Zeitraum von einer Milliarde Jahren bedeutet. Wenn wir uns jetzt darüber klar werden, daß das Leben auf der Erde zwei oder gar drei Milliarden Jahre alt ist, dann bekommen wir vielleicht einen Begriff, wie alt das Leben ist. Das müssen wir uns auf der Zunge zergehen lassen.

Wenn wir ein Urteil über die großartige Einsicht von Charles Darwin über das Wesen des Lebens fällen wollen, dann müssen wir auch diese gewaltigen Zeiträume ins Auge fassen, die Darwin gefördert hat, damit man seine großartigen Ideen versteht. Ohne es ausgesprochen zu haben – er hat erkannt, daß die Zeit die wichtigste Zutat im Rezept des Lebens ist.

Sodann müssen wir uns darüber unterhalten, wie die menschliche Vorstellungskraft sich zum Phänomen der Zeit eigentlich verhält. Mit unseren Minuten/Stunden-Erlebnissen können wir diese Dimension überhaupt niemals nachempfinden. Das müssen wir einmal betrachten im Hinblick auf die Struktur unserer Sinnesor-

4,4 Milliarden Jahre

Maßstäbliche Darstellung der Zeitdauer von 4 Milliarden Jahren (abgerundetes Alter der Erde) im graphischen Vergleich zum Alter der Menschheit von rund 2 Millionen Jahren. Nur anhand einer solchen Darstellung wird man sich des gewaltigen Unterschiedes bewußt.

gane und unserer Körper und unsere Erlebnisfähigkeit, was die Zeit betrifft. Da sind wir unglaublich beschränkt, und aus diesem Zeitgefängnis können wir uns mit unserer Vorstellungskraft nie befreien.

Wenn wir also die Erdentwicklung und die Geschichte des Lebens auf diesem Planeten betrachten wollen, dann müssen wir die Zeit verkürzen, um die Erdgeschichte in unsere unerhört beschränkte Vorstellungskraft über die Zeit einzuordnen. Das ist ein Kapitel dieses Buches. Es ist dies eine dramatische Story, die unsere Eintagsfliegen-Existenz erschütternd wiedergibt. Sie soll zeigen,

2
Millionen Jahre
Geschichte der
Menschheit

daß wir kurzlebigen Menschen sehr vorsichtig sein sollen, wenn
wir die Erdgeschichte in unsere Zeitmaßstäbe hineinquetschen
wollen.

Sodann haben wir bei der Betrachtung des bisherigen Lebens auf
der Erde überhaupt noch nicht berücksichtigt, daß sich die Struktur
der Erde in dieser ungeheuer langen Zeit vielleicht doch entscheidend geändert hat. Aus unserer Eintagsfliegen-Perspektive nehmen
wir immer an, daß alles in der Entwicklung der Erde immer schon
so gewesen sein soll, wie wir es heute beobachten. Die moderne
Naturwissenschaft gibt uns ebenfalls Hinweise, daß das vielleicht

durchaus anders gewesen sein kann in dieser langen Geschichte von Hunderten Millionen von Jahren. Moderne Überlegungen haben uns dazu geführt, einige ungelöste Rätsel in der Entwicklung des Lebens vielleicht aufzuklären. So war es für die Forscher der Vorgeschichte des Lebens, die Paläontologen, immer ein großes Rätsel, weshalb das Leben erst so spät das Land erobert hat. Das ist biologisch nicht zu verstehen: Denn das Leben hat nach einer langen Geschichte von Milliarden von Jahren erst in den letzten zehn Prozent der Zeit, die ihm zur Verfügung stand, das Land erobert. Das Landleben ist nämlich erst in der jüngsten Vergangenheit entstanden. Das bedarf einer Diskussion.

Sodann müssen wir natürlich überlegen, woher das Leben denn stammt. So gibt es schon seit dem Jahre 1907 eine spannende Theorie des schwedischen Wissenschaftlers Svante Arrhenius, der geltend gemacht hat, daß das Leben eine grundsätzliche Erscheinung des Universums ist, das die Erde zur rechten Zeit als geeignete Wohnstätte des Lebens aus dem All befruchtet hat. Über diese großartige Idee ist auch noch zu reden, vor allem, da sie jüngst wieder im Gespräch ist.

Trotz allem scheint sich zu bewahrheiten, daß unsere Erde wirklich die echte Wiege des irdischen Lebens ist. So etwas kann man natürlich niemals bündig nachweisen. Indessen wollen wir in dieser Schrift einige Argumente vorbringen, daß das tatsächlich stattgefunden haben kann: die Urzeugung des Lebens auf unserer Erde. Natürlich hat die physikalische und chemische Ausstattung der Erde die Bedingungen bereitgestellt. Eine ganze Reihe von Wissenschaftlern glaubt nicht daran, daß diese unzählbaren Umformungen der Chemie im Weltmeer ausgereicht hätten, so etwas wie »Leben« zu erzeugen. Mir will scheinen, daß die Zweifler an dieser Überlegung wiederum an dem Mangel der Vorstellungskraft über die Dimensionen der Zeit gescheitert sind. Die Zeit ist eben die wichtigste Zutat im Rezept des Lebens.

△
*Nach der Theorie der Kontinentalverschiebung des
deutschen Geophysikers Alfred Wegener bildeten
die Kontinente noch vor rund 250 Millionen Jahren
eine Einheit »Pangaea« genannt. Sie brachen auseinander, verschoben sich und schufen dann das uns
heute vertraute Bild in der Verteilung der Kontinente
und Ozeane auf der Weltkarte.*

*Der sogenannte Wasserpol der Erde, der etwa in der
Mitte zwischen Samoa und Tahiti in der Südsee liegt:
160 Grad westlicher Länge und 15 Grad südlicher
Breite. Wenn man auf diesen Punkt schaut, so erblickt
man fast nur Wasser. Lediglich Stücke von Australien
und dem nördlichen Nordamerika sind sichtbar.*

Sodann wird bei der Entwicklung des Lebens und seiner langen Geschichte immer wieder von Katastrophen erzählt. Könnten nicht die Eiszeiten und totale Klimaänderungen das Leben entscheidend beeinflußt, ja sogar vernichtet haben? Gewaltige Einflüsse sind nicht abzustreiten. Aber an eine Vernichtung des Lebens vermag ich nicht zu glauben. Dazu ist das Leben zu fundamental, und es hätte die zwei bis drei Milliarden Jahre seiner Existenz auch nicht überdauert. Sodann ist von Einstürzen großer Meteoriten die Rede, denen das Aussterben der Saurier angelastet wird. Darüber wird in dieser Schrift auch gesprochen.

Das Universum ist in seiner Grundstruktur erstaunlich friedlich und läßt einen Leben tragenden Planeten wie unsere Erde eigentlich sehr schön in Frieden. Gewiß, es gibt kosmische Katastrophen wie die Superexplosionen von Riesensternen, die durchaus Einfluß auf das irdische Leben genommen haben können. Indessen sind diese so selten, und trotz ihrer gewaltigen Eingriffe in das biologische Geschehen unseres blauen Planeten haben sie die Geschicke des Lebens nicht so umgestalten können, daß es etwa zu Ende kam. Sonst wäre das Leben nicht schon mehr als zweieinhalb Milliarden Jahre alt.

Dazu ist das Leben viel zu erfindungsreich. Wir müssen einmal betrachten, welche jüngsten Erfindungen dem Leben auf unserer Erde das heutige Gepräge gegeben haben. Diese laufend neuen Erfindungen der Natur im Sinne von Darwin können auch uns als heutige Menschheit durchaus ersetzen. Wir betrachten uns als die Krone der Schöpfung. Unter Hinweis auf die enormen Leistungen der Menschheit glauben wir unbeirrt daran. In Wirklichkeit sind wir Menschen, wie Arthur Koestler uns in seinem letzten Buche bezeichnet hat, »Irrläufer der Evolution«. Irgend etwas stimmt mit uns Menschen nicht. Dauernd liegen wir uns in den Haaren, und es ist eigentlich eine Idiotie, daß wir heute noch in hochgestochenen Gipfelkonferenzen darüber debattieren, etwa die Atombomben abzuschaffen. Wären wir wirklich so intelligent, wie wir immer von uns behaupten, dann müßte man sich darüber doch überhaupt nicht unterhalten.

Die Schöpfung kann es besser. Die Erfindung der Intelligenz wird sie in anderen Geschöpfen, die nach uns kommen, bestimmt noch einmal einsetzen. Das wird in Lebensformen verwirklicht werden, über die wir uns gar keine Vorstellung machen können. Nach dem, was die Schöpfung uns in ihrer langen Geschichte schon vorgeführt hat, ist sie mit ihrer Erfindungskraft noch lange nicht am Ende. Nur wir sind dann nicht mehr da.

2

Das Leben macht dauernd neue Erfindungen

Der amerikanische Biochemiker und Wissenschaftsautor Isaac Asimov hat kürzlich seine Kollegen in aller Welt aufgefordert, sie mögen eine Liste der bedeutendsten Wissenschaftler der Kulturgeschichte der Menschheit aufstellen – ähnlich wie die Weltrangliste im Tennis. Er selbst habe eine solche Liste veröffentlicht. Diese habe ich allerdings beiseite gelegt, da ich mich nicht von seinen Urteilen beeinflussen lassen wollte. Dann verglich ich seine Liste mit der meinen. Es hat mir viel Spaß gemacht, festzustellen, daß die ersten drei Plätze auf dieser Weltrangliste von Isaak Asimov und von mir gleich besetzt worden sind.

Auf dem ersten Platz steht Archimedes von Syrakus, der große Mathematiker und Physiker des Altertums.

An der zweiten Stelle steht Isaak Newton, der das Gravitationsgesetz formuliert hat.

Auf dem dritten Platz steht der englische Biologe Charles Darwin. Diese drei Persönlichkeiten haben mit ihren Werken drei große Bereiche der Wissenschaft geprägt, ja vielleicht sogar selbst geschaffen.

Archimedes war der erste, der sich anschickte, die lineare griechische Geometrie des Euklid zu durchbrechen, und er hat die

Nach einer Umfrage unter Fachleuten zur Aufstellung einer Weltrangliste unter den Wissenschaftlern waren die ersten Plätze:

1. Archimedes (287–212 v. Chr.), 2. Isaac Newton (1643–1727) und 3. Charles Darwin (1809–1882)

Gesetze der Krümmung angefaßt, indem er sich an die Berechnung runder Körper wagte. Er war der erste, der erkannte, daß der Umfang des in sich selbst geschlossenen und gekrümmten Kreises nicht in unser glattes Zahlensystem hineinpaßt. Das Verhältnis zwischen dem Umfang und dem Durchmesser eines Kreises – die berühmte Zahl π – läßt sich nicht mit einem Verhältnis von ganzen Zahlen darstellen. Er hat die Irrationalität, ja sogar die Transzendenz dieser zauberhaften Zahl erkannt. Bei seinem Kampf mit dieser Zahl war er auch dicht davor, schon 200 Jahre vor Christus, die Differentialrechnung zu erfinden, d. h. das Rechnen mit beliebig kleinen, ja sogar unendlich kleinen Größen. Sodann hat Archimedes eine ganze Reihe von praktischen Erfindungen gemacht. Er hat diese selbst mit seinen Händen verwirklicht und zum Funktionieren gebracht.

Ein klassisches Beispiel ist seine berühmte »Wasserschraube«. Er war über die ungeheure Mühe erstaunt, die von Menschen und Tieren aufgebracht werden mußte, um das Wasser des Nils in die unzähligen Bewässerungskanäle Ägyptens zu pumpen. Er

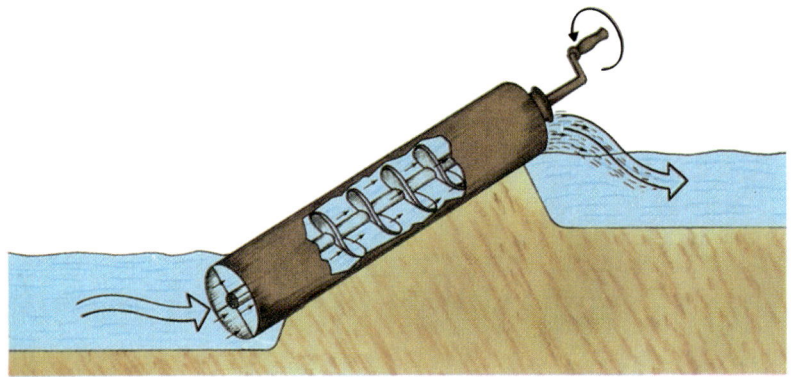

Die Wasserpumpe, eine der genialen Erfindungen des Archimedes, mit der er den Bauern Ägyptens bei der Bewässerung ihrer Felder die Arbeit erleichterte. Die Pumpe wirkt wie ein Fleischwolf; in einem späteren Modell wurde die Pumpe sogar von der Strömung des Nils über ein Schaufelrad betrieben.

beschloß, die unpraktischen Pumpen, die seit Tausenden von Jahren in Benutzung waren, zu verbessern, und konstruierte eine hölzerne Schraube, die ähnlich wie die gewundene Scheidewand eines Schneckenhauses gebaut war, und benutzte eine dicke Holzstange als Achse. Die Schraube umgab er mit einem Holzzylinder, der an beiden Enden offen war. Als er diesen Zylinder mit dem einen Ende in den Nil tauchte und um seine Achse rotierte, pumpte sein Gerät dauernd Wasser, das am oberen Ende des Zylinders ausströmte. Seine Wasserpumpe arbeitete wie die Schraube eines Fleischwolfes. Er betrieb sie mit einem Schaufelrad, so daß der Fluß selbst mit der Kraft seiner Strömung die Felder Ägyptens bewässerte. Die Wasserschraube des Archimedes, die er vor über zwei Jahrtausenden erfunden hat, ist sogar bis heute noch in manchen Gegenden Ägyptens in Gebrauch.

Damit hat er sich allerdings bei seinen Kollegen etwas unbeliebt gemacht. Diese waren recht hochnäsige, rein geistige Wissenschaftler und überließen das Handwerkliche den Sklaven. Sie hatten sich

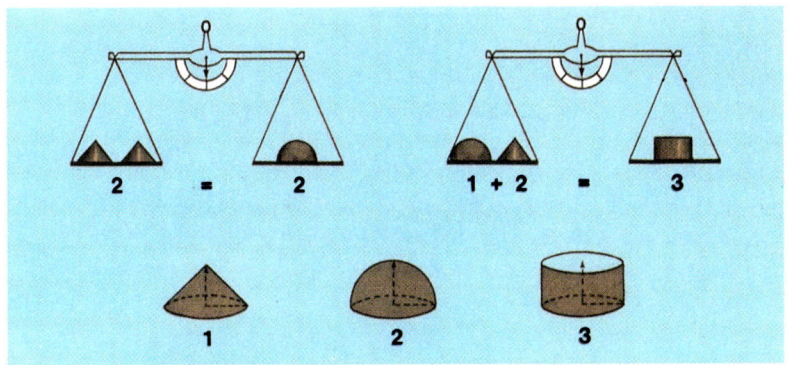

Der Beweis des Archimedes über das Volumenverhältnis von Kegel, Halbkugel und Zylinder (1 zu 2 zu 3) mit Hilfe einer Waage

nie die Hände schmutzig gemacht –, nein, sie liefen mit hinter dem Rücken gefalteten Händen hin und her und tauschten ihre klugen Weisheiten aus. An sich hatten die griechischen Naturphilosophen der Natur schon so viele Kenntnisse abgelauscht, daß man sich wundern muß, daß sie daraus keine Technik und keine Chemie gemacht haben. Darin war Archimedes allen weit voraus.

Bei seinen Absichten, seine Erkenntnisse über die Volumina runder Körper zu »beweisen«, griff Archimedes auch zu einem geometrischen Experiment. Er erahnte, daß die Volumina eines Kegels, einer Halbkugel und eines Zylinders mit der gleichen Grundfläche ein erstaunlich schönes, ganzzahliges Verhältnis haben: nämlich eins zu zwei zu drei. Mathematisch beweisen konnte er es nicht, da die Zahl π noch nicht bekannt war. Er ging in die Tischlerwerkstatt und ließ sich mehrere Kegel, Halbkugeln und Zylinder drechseln. In einem Seminar vor den arroganten Kollegen führte er dann ein Experiment vor, wozu er eine Waage benutzte. Drei Kegel waren so schwer wie ein Zylinder; ein Kegel und eine Halbkugel waren auch

so schwer wie ein Zylinder; und zwei Kegel waren so schwer wie
eine Halbkugel. Quod erat demonstrandum.

Damit ist Archimedes allerdings bei seinen Kollegen schwer auf die
Nase gefallen: Das jüngste Fakultätsmitglied, der 14jährige Apollo-
nius von Perga, Entdecker und Beschreiber der Kegelschnitte
schon in zartem Alter, meldete sich zu Wort: »Meine Herren
Kollegen, ich stelle den Antrag, daß Archimedes von der Universität
von Alexandrien verwiesen wird, da er die reine Mathematik mit
der Materie beschmutzt hat.« Archimedes mußte zurück nach
Syrakus.

Seine Erkenntnisse in der Physik, über das spezifische Gewicht und
über das nach ihm benannte Archimedische Prinzip waren Großlei-
stungen im Altertum. Da hat er in einer Badewanne gebadet, und
dabei kam ihm plötzlich die Einsicht in das Prinzip des Auftriebes
eines schwimmenden Körpers. Dann sprang er nackt auf die Straße
und rief sein berühmtes »Heureka – ich habe es gefunden«!

Isaak Newton hat mit der Formulierung seiner drei Gesetze der
Mechanik und der Gesetze der Schwerkraft die Astronomie und die
Physik endlich in Ordnung gebracht. Das wohl bedeutendste Werk
der exakten Naturwissenschaften erschien im Jahre 1687 unter dem
Titel »Die mathematischen Grundlagen der Naturwissenschaft«.
Newton hat in diesem klassischen Werk die Differentialrechnung,
d. h. das Rechnen mit unendlich kleinen Größen, eigentlich als
Werkzeug erfunden, um seine Gesetze gut darstellen zu können. Er
hat erkannt, daß die Mathematik eigentlich keine Naturwissenschaft
ist, sondern eine Erfindung des menschlichen Geistes. Die Natur
selbst betreibt keine Mathematik. Nein, die Mathematik wurde vom
Menschen erfunden als ein hervorragendes Werkzeug, die Naturgesetze gut zu beschreiben.

Charles Darwin steht mit Abstand an der Spitze der biologischen
Wissenschaften, da er die Grundgesetze des Lebens erkannt und
mit geradezu seherischer Gewalt formuliert hat.

Charles Darwin hat die Gesetzlichkeiten des Lebens als erster gesehen und hervorragend beschrieben. Dabei hat er sich mit seinen Büchern Mitte des letzten Jahrhunderts »Die Entstehung der Arten« (1849) und »Die Abstammung des Menschen« (1871) überhaupt nicht beliebt gemacht. Die Entstehung und Entwicklung des Lebens, die Erscheinung des Menschen auf dem Planeten waren seit je schon eine Domäne der Religionen. Das Leben ist eine so phantastische Erscheinung, daß sich niemand vorstellen konnte, daß es ohne die Tat eines göttlichen Schöpfers hätte entstehen können. In seinem Buch »Die Abstammung des Menschen« schrieb Darwin: »Es ist vielen Menschen einfach unvorstellbar, daß eine so großartige Schöpfung wie der Mensch ohne göttlichen Eingriff hätte entstehen können«.

Charles Darwin hatte seine Theorie über die Evolution des Lebens entworfen, obwohl er noch keine Kenntnis hatte von einem wesentlichen Element der Struktur der lebenden Substanz, nämlich der sogenannten Mutation. Alle Lebewesen, bei ihrer Fortpflanzung und Vererbung, müssen sich manchesmal fundamentale Änderungen in ihrer Erbsubstanz gefallen lassen. Diese grundsätzliche Erscheinung des Lebens wurde erst mehrere Jahrzehnte nach Darwin überhaupt erkannt und erforscht, obwohl Darwin sie erahnte. Mutationen sind stoßartige Änderungen in der Erbsubstanz, welche den Nachkommen typische Veränderungen abverlangen, die dann auch weiterhin vererbt werden. Diese Grundsatzidee beinhaltet, daß das Leben sich laufend ändert, und zwar in Richtungen, die unvorhersehbar sind. Das ist dem Erfindungsreichtum des Lebens überlassen. Man kann hier wirklich geradezu von laufenden Neuerfindungen der Natur sprechen. Diese neuen Modelle kommen sofort auf den Prüfstand der Umwelt und werden getestet. Funktionieren sie nicht, so werden sie ganz grausam ausgelöscht und müssen aussterben. Diese schlecht mutierten Arten müssen dann verschwinden. Was funktioniert, überlebt. Das ist der eigentli-

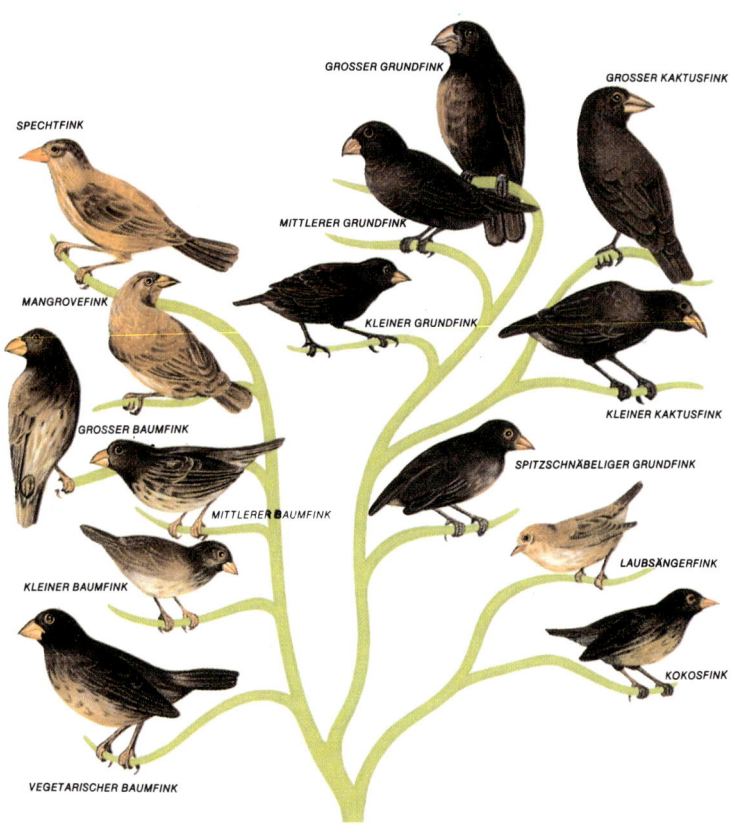

Darstellung der Evolutionsidee durch Charles Darwin anhand seiner Beobachtungen von verschiedenen Finkenarten auf den Galapagos-Inseln. Die Beobachtung dieser verschiedenen Finkenarten und ihrer unterschiedlichen körperlichen Ausstattungen – vor allem der Schnäbel – brachte Darwin auf die Idee der Evolution.

che Ideeninhalt der Evolutionstheorie von Darwin. Das ist doch eigentlich großartig, diese Überlegung und Einsicht in das Wesen des Lebens.

Isaak Newton hat mit seinen Arbeiten keinerlei Anstoß erregt. Er war ja langjähriges Mitglied der Royal Society und hatte dort seinen Stand. So ist man ihm nicht an den Wagen gefahren und hat seine Arbeiten einfach so hingenommen, obwohl sie vielfach in ihrer ungeheuren Wirkung noch nicht verstanden worden sind.

Darwin ging es ganz anders. Er hat mit seinen Zeitgenossen großen Ärger bekommen. Er wurde verteufelt. Man sagte: Es kann doch nicht wahr sein, daß der Mensch vom Affen abstammt! Wo bleibt da die Menschenwürde? Obwohl die Ideen von Darwin so schlagend überzeugend sind, wird immer noch an dieser Kette gezerrt. Religiöse Fanatiker, vor allem in Amerika, haben jüngst wieder Darwin verdammt, da seine Thesen der Schrift widersprächen. Sie berufen sich dabei auf die Tradition des streitbaren amerikanischen Rechtsanwalts William Bryan, der es immerhin erreicht hat, daß die Lehren Darwins im amerikanischen Staat Tennessee, seinem Geburtsort, in der Schule nicht gelehrt werden dürfen. Nun, der Streit zwischen Religion und Wissenschaft ist auch heute noch nicht ausgestanden. Nach einem schönen Wort des berühmten Hamburger Predigers Helmut Thielicke hätten Naturwissenschaftler und Theologen eigentlich gar keinen Anlaß zum Streiten. Er sagte mir einmal sehr schön: Ihr Naturwissenschaftler sollt ruhig eure Kenntnis der Naturgesetze, die Vorgänge und Erscheinungen des Universums, der Erde und des Lebens auf der Erde so gut deuten wie ihr könnt; wir Theologen bemühen uns um das Gemüt des Menschen. Leider gibt es noch religiöse Fanatiker, die den unnötigen Streit zwischen Religion, Dogma und Wissenschaft immer wieder neu anheizen. Dieser Tage bekam ich ein Büchlein in die Hand – es wurde mir nach einem Vortrag in Münster anonym geschenkt – mit dem Titel »Das Leben – wie ist es entstanden? Durch Evolution oder

durch Schöpfung?«, das bezeichnenderweise keinen Autor nennt.
Es heißt im Impressum lediglich »Verantwortliche Herausgeber für
Deutschland: Wachtturm Bibel- und Traktatgesellschaft«. Es ist zwar
nur im Kleinformat gedruckt, dennoch aber hervorragend und
überaus geschmackvoll mit vielen Vierfarbdrucken reich bebildert.
Im Impressum heißt es, daß es eine Auflage von zwei Millionen
hätte; das ist natürlich keine verkaufte Auflage, da die Exemplare
meist kostenlos abgegeben und verteilt werden.

Der Text ist sehr geschickt formuliert und appelliert immer wieder
an den berühmten, jedoch voreingenommenen, gesunden Men-
schenverstand. Da wird beispielsweise das Wunder des Menschen-
auges aufgezeigt – ebenfalls wieder hervorragend farbig illu-
striert –, und der Leser wird mit der Frage überfallen, ob es wohl
glaubhaft wäre, daß so ein phantastisch funktionierendes Wunder-
werk in der Evolution etwa »durch Zufall« hätte entstehen können.
Dem Leser wird der Schluß geschickt aufgezwungen, daß das doch
wohl nur ein Schöpfer hätte zuwege bringen können.

Dabei ist das menschliche Auge nur eines der vielen Beispiele – die
Grundtendenz ist immer dieselbe. Es wird die unerhörte Fülle der
Natur, im Weltall und im Leben auf der Erde, geschildert, deren

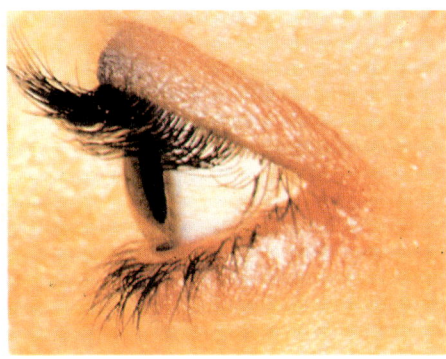

*In den Schriften der
Zeugen Jehovas, welche
die Evolution strikt ablehnen, wird die Kompli-
ziertheit des Menschen-
auges als Beweis für
einen göttlichen Schöp-
fungsakt angesehen.*

Die Unterschrift zu diesem Bild, ebenfalls aus einer Schrift der Zeugen Jehovas, müßte eigentlich heißen: Alle Merkmale der Menschen weisen darauf hin, daß sie mit den Menschenaffen sehr vieles gemeinsam haben, und ihre Unterschiede sind lediglich Früchte verschiedener Evolutionen der beiden Gattungen.

unüberschaubare, weitgehend noch unerforschte Mannigfaltigkeit nur als Schöpfung denkbar sei. Für eine Evolution sei das doch alles viel zu bunt und vielgestaltig.

Auf einer Seite dieses Büchleins fand ich eine ästhetisch sehr gelungene Buntzeichnung, wie ein Menschenpaar einem Schimpansen eine Banane reicht. Dieses Bild trägt die folgende Unterschrift: »Alle Merkmale der Menschen weisen darauf hin, daß sie sich vom Menschenaffen unterscheiden und getrennt von ihm erschaffen worden sind.« Dem sehr begabten Grafiker ist es entgangen, daß in der Mimik sowohl des Menschenpaares als auch

in der Motorik des Affen sich eine nicht zu übersehende Verwandt-
schaft offenbart. Die grafische Botschaft dieses Bildes war wohl
nicht ganz im Sinne der Autoren.

Ich würde die Bildunterschrift gerne dahingehend ändern: »Alle
Merkmale der Menschen weisen darauf hin, daß sie mit den
Menschenaffen sehr Vieles gemeinsam haben, und ihre Unterschei-
dungen sind lediglich Früchte verschiedener Evolutionen der
beiden Gattungen.«

Dieses ausdrucksvolle Bild gehört eigentlich in ein anderes Buch,
beispielsweise in dieses.

Sodann ist in dem Büchlein der Antidarwinisten natürlich immerzu
wieder die Rede von dem berühmten »missing link«, d. h. von
Zwischenstufen zwischen den großen Gruppen der einzelnen
Gattungen. Dazu gehören viele Fossilien von Übergängen zwischen
Echsen und Säugetieren, Sauriern und Vögeln, obwohl dort der
berühmte Archaeopterix das »missing link« schon liefert. In den
Übergängen zwischen den Menschenaffen und dem Menschen hat
es lange Zeit eine ganze Reihe von »missing links« gegeben, die
diesem Ausdruck sogar das Gepräge gegeben haben.

Die Paläontologen sind fleißig dabei, die Ahnenreihen in der
Entwicklung des Lebens auf der Erde möglichst bald und gut zu
vervollständigen. Sie wären glücklich, wenn sie in allen Fällen
solche Ahnenreihen vorlegen könnten wie etwa bei der Entwicklung des Pferdes.

Es ist typisch für die Evolution des Lebens, daß es nach länger
dauernder Gleichförmigkeit plötzlich zu explosionsartigen Ent-
wicklungen neuer Arten kommt. Das ist eine sehr einleuchtende
Erklärung für die »missing links« der Paläontologen. Das Umschal-
ten auf einen neuen Typ durch positive Mutation erfolgt nämlich
vielfach so schnell, daß die Zahl der Individuen in diesen Zwischenstufen sehr viel kleiner ist als die Fossilien von jenen Tieren, die
vielleicht tausend- oder millionenmal länger ohne Mutationen

Der Urvogel Archäopterix, eine Übergangsform zwischen Saurier und Vogel. Dieses Wesen hat noch Echsenkrallen an den Zehen, einen echsenartigen Schwanz und einen Saurierkopf, wobei das schnabelartige Maul mit Zähnen ausgestattet ist. Der Schwanz ist nicht befiedert, sondern wie bei einer Eidechse beschuppt.

Die Entwicklung des Pferdes während der letzten 50 Millionen Jahre. Von einem etwa terriergroßen Geschöpf entwickelt es sich bis zur heutigen Größe mit Hufen.

existiert haben. Diese »missing links« sind wie Ausgaben ganz seltener Briefmarken.

Moderne Entdeckungen in der vorgeschichtlichen Anthropologie haben mittlerweile eine ziemlich saubere geschlossene Ahnenreihe des Menschen zusammengebaut. Die echte Menschwerdung läßt sich dabei gar nicht richtig festlegen. Vor zwanzig Millionen Jahren bereits hat sich von den Affen, die hauptsächlich in Bäumen lebten, eine Gattung entwickelt, die bereits vielfach den aufrechten Gang bevorzugte. Dann in den letzten zwei Millionen Jahren ging es beschleunigt vorwärts. Es entstanden Menschenrassen, die schließlich vor hundertfünfzigtausend Jahren in den Neandertaler mündeten. Alle diese Arten sind zwischendurch immer wieder ausgestorben. Die echte Menschwerdung schließlich ereignete sich vor dreißigtausend Jahren in der Gestalt des Cro-Magnon-Menschen, der bis zum Ende der Eiszeit und darüber bis vor zehntausend Jahren lebte.

Der Cro-Magnon-Mensch war eigentlich schon ein moderner Mensch. Wenn ein neugeborenes Baby einer Cro-Magnon-Mutter

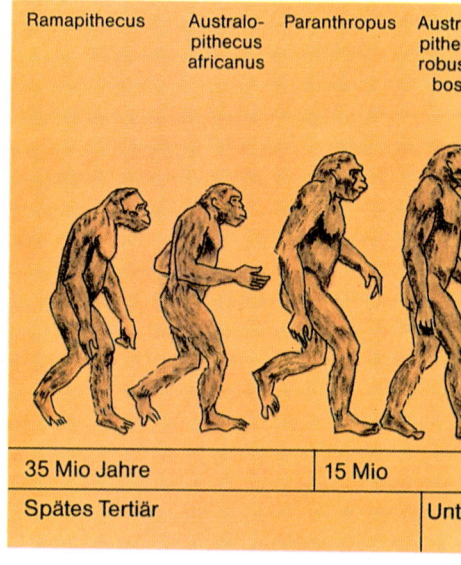

Die Entwicklung der Gattung Homo während der letzten 35 Millionen Jahre bis zur heutigen Form

mit einer Zeitmaschine in unsere heutige Zeit versetzt werden könnte, so würde dieses Baby bei uns ganz normal aufwachsen und wäre in der Schule und im späteren Leben von uns überhaupt nicht zu unterscheiden.

Der Mensch hat sich dann unter fast allen anderen Lebewesen als erstaunlich erfolgreich bewiesen, obwohl er eigentlich – als er auch zum Fleischfresser wurde – seinen Konkurrenten, den Raubtieren, körperlich völlig unterlegen war. Wie konnte er sich trotzdem durchsetzen?

Vor einigen Jahren habe ich in einem meiner Bücher dieses Thema beschrieben. So möchte ich an dieser Stelle hier aus diesem Buche* noch einmal zitieren.

---

* Heinz Haber: Stirbt unser blauer Planet? Deutsche Verlagsanstalt, Stuttgart 1973

Homo erectus	Früher Homo sapiens	Solo Mensch	Neander-thaler	Cro-Magnon	Heutiger Mensch

2 Mio		500 000	100 000	50 000		10 000
leistozän	Mittleres Pleistozän		Oberes Pleistozän Letzte Eiszeit		Neuzeit	

»Wenn auf einer Olympiade auch Tiere zugelassen wären, so wäre es um Goldmedaillen für die Gattung homo sapiens schlecht bestellt. Die Kurzstrecken würden von den langfüßigen Katzen Afrikas, den Geparden, beherrscht werden. Diese schnellsten Tiere auf Beinen legen 100 Meter in weniger als vier Sekunden zurück. Die Mittelstrecken würden vermutlich von den Pferden und die Langstrecken bis zum Marathonlauf von den Wölfen beherrscht werden. Hürdenlauf gehört vermutlich den Känguruhs, der Hochsprung den Gazellen und der Weitsprung vielleicht den Leoparden oder Tigern. Alle Goldmedaillen im Schwimmen würden von den Delphinen oder Barrakudas eingeheimst werden. Ja, die Tiere würden sogar noch andere Disziplinen organisieren, die uns Menschen völlig auf die Tribünen verbannen würden: Gleitflug, Kunstflug, Streckenflug und Navigationsflug, die von den Raubvögeln, den Schwalben, den Störchen und den Tauben beherrscht würden. Die Goldmedaille für Tiefseetauchen gewännen die Pottwale. Wir Menschen würden uns also in einer solchen Olympiade in einer völlig falschen Liga befinden. Lediglich eine einzige Goldmedille würde die Gattung homo sapiens einheimsen: im Zehnkampf. Kein Delphin und kein Wolf, keine Gazelle und kein Känguruh, kein Gepard und kein Seeadler könnte in den Disziplinen Kugelstoßen, Diskuswerfen, Speerwerfen oder Stabhochsprung auch nur einen einzigen Punkt einheimsen. So kann der vielseitige homo es sich leisten, in den einzelnen Disziplinen den verschiedenen Gattungen seiner Konkurrenten haushoch unterlegen zu sein; seine unerreichte Vielseitigkeit jedoch sichert ihm diese vielleicht wichtigste Goldmedaille. Die anderen Tiere haben sich alle auf Höchstleistungen in einem engen Bereich spezialisiert und haben durch ihre Meisterschaft darin die Überlebenschance ihrer Gattungen gesichert. Die Spezialität des Menschen jedoch ist, daß er sich nicht spezialisiert hat.

Da er sich aufgrund seiner körperlichen Ausstattung auf keine überlegene Leistungsfähigkeit verlassen kann, ist der Mensch allein in der Wildnis praktisch verloren. Er kann zwar kratzen und beißen, er kann laufen und klettern, er kann schwimmen und tauchen; jedoch keine dieser Fähigkeiten beherrscht er so gut, daß er damit überleben könnte. Wenn er nicht Tarzan heißt, kann er keinem Tiger davonlaufen und keinem Leoparden davonklettern; er kann keinen Elefanten mit der bloßen Faust erschlagen und keinem Hai davonschwimmen; er kann keinen Löwen erwürgen und keinem Krokodil die Schnauze zuhalten. Dafür freilich hat ihn die Natur ausersehen für ihre wohl erstaunlichste Erfindung: die Intelligenz. Die Abstammung unserer Gattung ist heute noch nicht völlig geklärt, obwohl die meisten Anthropologen sich darüber einig sind, daß wir zusammen mit den Menschenaffen gemeinsame Ahnen haben. Schon früh jedoch, vor etwa zwei Millionen Jahren,

Allegorische, phantasievolle Darstellung des großen »Privatgelehrten« Charles Darwin mit zahlreichen Symbolen der Evolution und Vererbung. Gemälde von Hans Petersen

müssen unsere Vorfahren in ihrer langsam wachsenden Intelligenz eine in der Natur bisher noch nicht verwirklichte Überlebenschance gesehen haben. Durch die Fähigkeit, miteinander zu kommunizieren und gemeinsam zu planen und dann freilich durch den Gebrauch von Werkzeugen und schließlich sogar des Feuers, gelang ihnen als Gattung, sich nicht nur zu behaupten, sondern auch ihre Umwelt zu beherrschen. Der einzelne, völlig auf sich gestellt, konnte sich kaum behaupten. In der Gemeinschaft jedoch traten die Menschen jenen Siegeszug an, über den wir heute gar nicht mehr so sehr triumphieren dürften.

Der unerhörte Überlebenserfolg des homo sapiens liegt eben in seiner Intelligenz, mit der es ihm gelang, das Wesen der Zeit zu begreifen. Alle anderen Lebewesen existieren nur in der Gegenwart. Für den Menschen jedoch gibt es eine Vergangenheit, aus der er Erfahrungen schöpfen kann, eine Gegenwart, die er jeweils meistert, und eine Zukunft, für die er plant. Als der Mensch das Kausalitätsprinzip, das Gesetz von Ursache und Wirkung begriff, hatte er bereits den Sieg über alle anderen Gattungen an sich gerissen.«

Die bewundernswerten Arbeiten von Darwin betreffen Änderungen der Lebensformen und damit das, was wir als tierische und pflanzliche Entwicklung bezeichnen. Die Grunderkenntnisse über diesen Komplex des Lebens sind mittlerweile für die meisten Wissenschaftler unverzichtbar geworden. Es gibt nur ganz wenige Leute, meist nur religiöse Fanatiker, welche diese großartigen Ideen von Charles Darwin noch anzweifeln. Die heutigen Gegner von Charles Darwin sind eben nicht imstande, sich die gewaltigen Zeiträume, welche die Evolution verlangt, echt vorzustellen. Für die Evolution hat unser Planet wirklich viel Zeit, denn die Zeit ist die wichtigste Zutat im Rezept des Lebens.

Jehova erschafft die Welt. Holzstich von Schnorr von Carolsfeld aus einer Bibelausgabe Anfang des 20. Jahrhunderts ▷

3
Zeit für die Evolution

1. Mose 1, 20.

Astronomen, Geologen und Paläontologen hatten immer schon die Schwierigkeit, daß sie mit unvorstellbaren Zeitdimensionen rechnen müssen. Sonst kriegen wir nämlich die Zeiträume, in denen die von ihnen beobachteten Naturerscheinungen in ihrer Entstehung unterzubringen sind, nicht in den Griff. Alle diese Wissenschaftler können sich freilich nicht vorstellen, wie lang ein Zeitraum von 100 Millionen Jahren oder gar von einer Milliarde Jahren wirklich ist. Sie können nur damit rechnen, müssen auch damit rechnen.

Die Evolution der Geologie und des Lebens steht in ihren Zeiträumen nun in einem doppelten Widerspruch: Sie sind echt unvorstellbar und widersprechen auch der Schrift. Dort nämlich ist von Zeitspannen die Rede, die wesentlich kürzer sind und auch in etwa der Vorstellungskraft des Menschen angepaßt. Deswegen sind sie auch so einleuchtend.

Aus dem Jahre 1642 stammt von dem englischen Kleriker und rabbinistischen Gelehrten John Lightfoot die Behauptung, daß die christliche Schöpfung am 7. September des Jahres 3928 v. Chr. um 9.00 Uhr vormittags begonnen habe. Es ist freilich unerfindlich, wie der Autor zu der erstaunlichen Präzision dieser Angaben gekommen ist. Aus dem Jahre 1658 gibt es eine Angabe von einem Erzbischof James Ussher, einem irisch-anglikanischen Theologen, die jahrhundertelang Geltung gehabt hat. Nach seinen Angaben begann die Schöpfungswoche am 23. Oktober des Jahres 4004 v. Chr. und endete mit dem Ruhetag des Herrn am Sonntag, dem 29. Oktober. Demnach wird also die Welt in der letzten Oktoberwoche des Jahres 1997 ihren 6000sten Geburtstag feiern. Es waren nun zunächst die Geologen, die an dieser Kette der Zeiteinschränkungen zerrten. Um zu begreifen, wie die vielfältigen Strukturen in der Erdkruste entstanden sind und wie sie sich entwickelt haben, brauchten sie Zeit für die Evolution. Das schönste Beispiel dafür ist das Weltwunder Nr. 1, der berühmte Grand Canyon im Staate Arizona in den Vereinigten Staaten. Es gibt ja

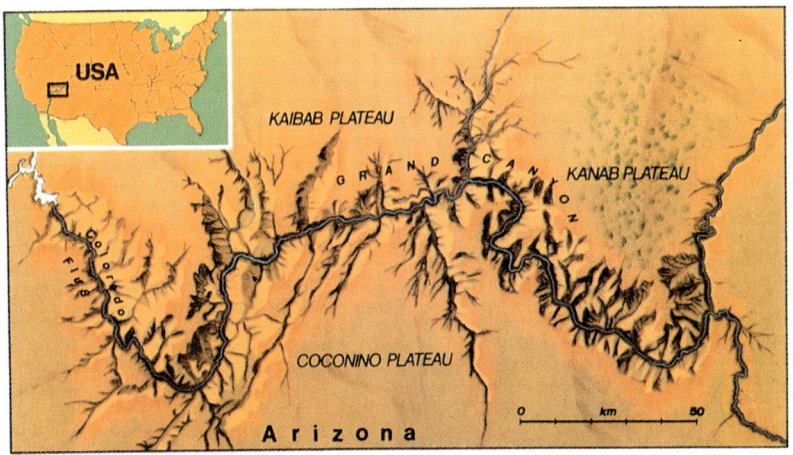

*Der Grand Canyon liegt im Westen der USA, umgeben
von gewaltigen Plateaus: Er ist 350 km lang, bis zu
35 km breit und an manchen Stellen über 1,5 km tief.*

schon aus dem Altertum eine Liste sogenannter Weltwunder. Dazu
gehören die Pyramiden, der Koloß von Rhodos und noch fünf
andere, die diese Liste vervollständigen. Nun gibt es eine moderne
Liste der Weltwunder, welche nicht der Mensch, sondern die Natur
selbst geschaffen hat. Dazu gehören der größte Strom der Welt, der
Amazonas, der Kratersee in Oregon und auch der große Canyon
des Colorado in Arizona. Der große Wasserfall des Sambesi in
Afrika zählt auch dazu wie etwa auch das Goldene Tor in San
Francisco und die Riesenvulkane auf der Hauptinsel von Hawaii.
Unter allen diesen modernen Weltwundern nimmt der Grand
Canyon mit Abstand den ersten Platz ein. Die Goldmedaille unter
den modernen Weltwundern wird von keinem Weltreisenden dem
Grand Canyon streitig gemacht.

Ich habe den Grand Canyon schon mehrmals besucht und auch in
zwei phantastischen Hubschrauberflügen abgeflogen. Er ist 300 km

lang, 30 km breit und 1½ km tief. Seine Wände bestehen aus einer Symphonie von senkrechten Rechtecken, welche die einzelnen Ablagerungen der Erdkruste, wie bei einer Schichttorte einge- schnitten, aufweisen. Der Grand Canyon liegt zudem in einem sehr trockenen Wüstenklima, so daß die Verwitterung diese schönen scharfen Kanten kaum angekratzt hat. Alle anderen Gebirge oder Schluchten dieser Art sind durch den Abrieb von Regen, Schnee und Wind abgerundet worden.

Als ich im Jahre 1948 zum ersten Mal die wohl großartigste geologische Formation, den Grand Canyon, besuchte, habe ich auch Führungen mitgemacht, die von den Rangers dieses National-

Blick in einen Teil des Grand Canyon. Die Landschaft ist eine Symphonie von Rechtecken und Pyramiden.

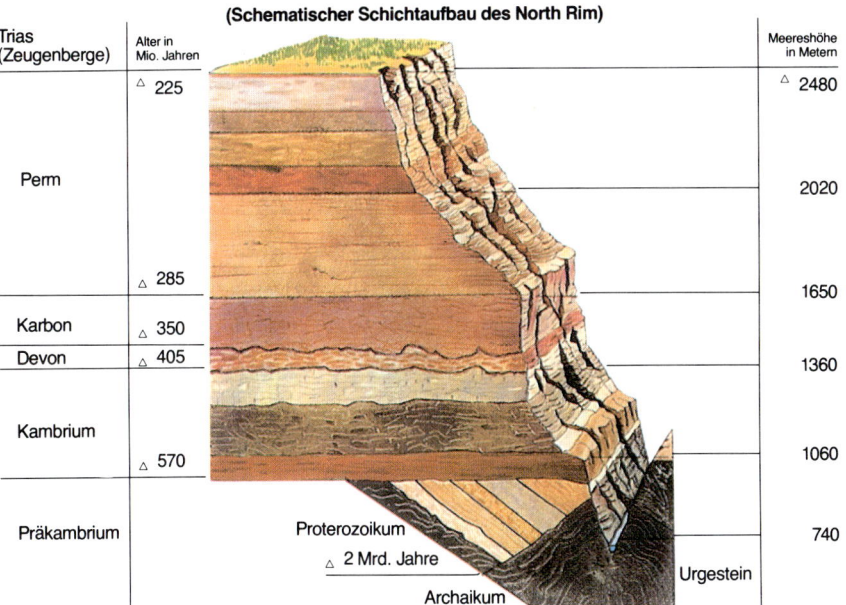

(Schematischer Schichtaufbau des North Rim)

Trias (Zeugenberge)	Alter in Mio. Jahren		Meereshöhe in Metern
	△ 225		△ 2480
Perm			2020
	△ 285		1650
Karbon	△ 350		
Devon	△ 405		1360
Kambrium			
	△ 570		1060
Präkambrium		Proterozoikum	740
		△ 2 Mrd. Jahre	
		Archaikum	Urgestein

Schematischer Schnitt durch den Grand Canyon entblättert das Bilderbuch der Erdgeschichte. Das Alter der übereinander gelagerten Schichten sowie die Meereshöhe in Metern und die Namen der entsprechenden Erdepochen sind angegeben.

Parks veranstaltet werden. Bei den Vorträgen wurde auch erwähnt, daß es etwa 10 Millionen Jahre gedauert hat, bis der Colorado-Fluß diesen gewaltigen Canyon in die Erde hineingegraben hat. Dort habe ich erfahren, daß sich alljährlich viele gläubige Christen beim Innenminister der Vereinigten Staaten, dem die Verwaltung dieses National Monuments untersteht, beschwerten, man möge doch den Rangers ihre gotteslästerliche Rede verbieten. In der Bibel sei doch zu lesen, daß die Welt erst vor knapp 6000 Jahren erschaffen worden sei... Das zeigt deutlich, daß die Kontroverse zwischen Dogma und Wissenschaft immer noch nicht ganz überwunden ist. Wenn man nun als Wissenschaftler vor diesem Weltwunder steht, so fragt man sich sofort: Wie ist das entstanden? Daß das nicht von heute auf morgen geschehen konnte, wird einem sofort klar. Tief unten in dem Canyon sieht man den Coloradofluß, dessen Größe und Wasserführung überhaupt nicht zu seinem Weltruf zu passen scheinen. Er entspricht nämlich etwa nur dem Wasserfluß des Mains oder des Neckars. Er ist also kein Strom. Seine Mündung liegt im amerikanischen Staat Wyoming, wird durch den Nebenfluß, den Green River, verstärkt, läuft dann durch das nördliche Arizona und mündet in den Golf von Kalifornien.

Nur eine Besonderheit der geologischen Entwicklung hat dazu geführt, daß so ein Flüßchen dieses Weltwunder schaffen konnte. Im nördlichen Arizona hat sich nämlich während der letzten 10 Millionen Jahre die Erdkruste ganz langsam, wie der Rücken einer auftauchenden Schildkröte, angehoben. Wäre das schneller erfolgt, dann wäre der kleine Colorado-River einfach um den auftauchenden Rücken herumgelaufen. Die Anhebung dieses Rückens war jedoch so langsam, daß die Erosionskraft des kleinen Flusses sich hindurchnagen konnte. Das war genau so, als ob man einen Holzklotz senkrecht nach oben in eine fest montierte Bandsäge hineinschiebt. Die Kräfte der Erosion des Flusses hielten etwa genau Schritt mit der geologischen Anhebung dieses Gebirgsrük-kens. Dann blieb der Fluß eben immer auf der gleichen Höhe; das Gebirge mußte sich einen immer tiefer werdenden Einschnitt gefallen lassen. Dadurch entstand dieses zauberhafte Gebilde eines Querschnittes durch die Schichttorte der geologischen Vergangenheit bis hinunter zum Urgestein. Das können wir uns jetzt alles in Ruhe ansehen.

Nun kommt es freilich zur kritischen Frage der Zeitbestimmung – und darüber wollten wir ja reden, nämlich über die Zeit, die die Evolution braucht. Wie kann man diese Zeitläufe messen? Die einzelnen geologischen Schichten, welche der Coloradofluß wie eine Säge durchschnitten hat, enthalten u. a. viel Eisenoxyd,

d. h. einfach Rost. Deswegen sind die Farben des Grand Canyon auch so schön bunt, ja sogar stellenweise blutrot. Der kleine Coloradofluß trägt das abgenagte Gestein in der Form von feinem Staub mit sich und schafft es zum Meer. Deswegen ist das Wasser des Flusses bunt-trüb, und daher hat er auch seinen Namen, nämlich »Colorado«, d. h. der Bunte.

Nun brauchen wir am Ende des Grand Canyons nur eine Wasserprobe zu entnehmen, den gelösten Staub sich absetzen zu lassen und zu wiegen. Dann können wir auch den Wasser-Durchfluß des Colorado messen und damit ausrechnen, wieviel Gesteinsmaterial dieses Flüßchen pro Sekunde, pro Tag oder pro Jahr wegschafft. Jetzt kennen wir das ausgehöhlte Volumen des Grand Canyon, das man vermessen kann. Diese Zahlen genügen, um auszurechnen, wie lange das Flüßchen wohl gebraucht hat, um dieses Naturwunder auf die Bühne zu stellen. Das Ergebnis sind eben 9 bis 10 Millionen Jahre. Und das paßt allerdings nicht mit den Zeitangaben der Schrift zusammen. Der Grand Canyon muß aber mindestens so alt sein – dieser Schluß ist unausweichlich.

Nun haben wir es beim Grand Canyon mit zwei verschiedenen Zeitmaßstäben zu tun. Wir sprachen gerade davon, wie lange es wohl gedauert hat, bis dieses Naturweltwunder Nr. 1 entstanden ist. Die einzelnen Schichten der Torte, die der Colorado dabei so sauber durchschnitten hat, sind allerdings selbst mehr als hundertmal älter. Es würde den Rahmen dieses Kapitels sprengen, das an dieser Stelle noch im einzelnen beweisen zu wollen.

Die moderne Atomphysik hat in diesem Jahrhundert den Geologen ein phantastisches Instrument in die Hand gegeben, auch lange Zeiträume erstaunlich präzise zu messen. Die Geologen haben immer darunter gelitten, daß ihr Zeitmaß so ungenau ist. Sie müssen nämlich Verschiebungen und Umschichtungen in der Erdkruste betrachten, und bei der Abschätzung, wie lange etwa eine bestimmte Ablagerung gedauert hat, entstehen natürlich ganz erhebliche Unsicherheiten. Der Grand Canyon, dessen Altersbestimmung wir ja beschrieben haben, ist da eine rühmliche Ausnahme. Aus diesem Grunde haben die Geologen die sogenannte »radioaktive Uhr« mit großer Begeisterung begrüßt. Was hat es damit für eine Bewandtnis?

Ein radioaktives Element wie Radium oder Uran besteht aus Atomen, deren Kerne so kompliziert geschaffen wurden, daß sie nicht stabil sind. In einem bestimmten zeitlichen Rhythmus zerfällt ein bestimmter mehr oder minder großer Bruchteil der Atome in einer radioaktiven Substanz unter Aussendung eines radioaktiven Strahles. Das ist die berühmte Strahlenaktivität dieser Elemente. Das Atom, das einen Teil seiner Substanz abgeschossen hat, verwandelt sich dabei in das Atom eines anderen chemischen Elementes. So verwandeln sich beispielsweise die Atome eines Brockens Uran im Laufe der Zeit über verschiedene Zwischenstufen hinweg schließlich in Blei. Für einen Chemiker ist es eine Leichtigkeit, in einem solchen Uranbrocken das Blei der Menge nach zu bestimmen, wenn man es ihm zur Analyse übergibt. Je mehr Blei sich also in einem Uranbrocken befindet, um so älter muß der Brocken sein, da zur Bildung dieser Menge von Blei eine bestimmte Zeit erforderlich war. Das ist also wie eine Uhr. Freilich müssen wir noch wissen, wie schnell die Uhr läuft. Auch das hat die Atomphysik mit großer Präzision bestimmt.

Der Zeitmaßstab ergibt sich aus dem sogenannten Zerfallsgesetz der radioaktiven Substanzen. Dieses Gesetz läuft mit einer hohen Präzision ab und wird durch keinerlei Umwelteinflüsse, wie Änderungen von Druck und Temperatur, verfälscht. Das ist genau das, was die Geologen brauchen. Wie ist diese Zeituhr beschaffen?

Der Grundbegriff dieser Uhr ist die sogenannte »Halbwertszeit«. Eine solche Halbwertszeit gibt es für jedes radioaktive Element. Es ist jene Zeit, die angibt, wie lange es dauert, bis genau die Hälfte der radioaktiven Elemente in der ursprünglich reinen Gesteinsprobe

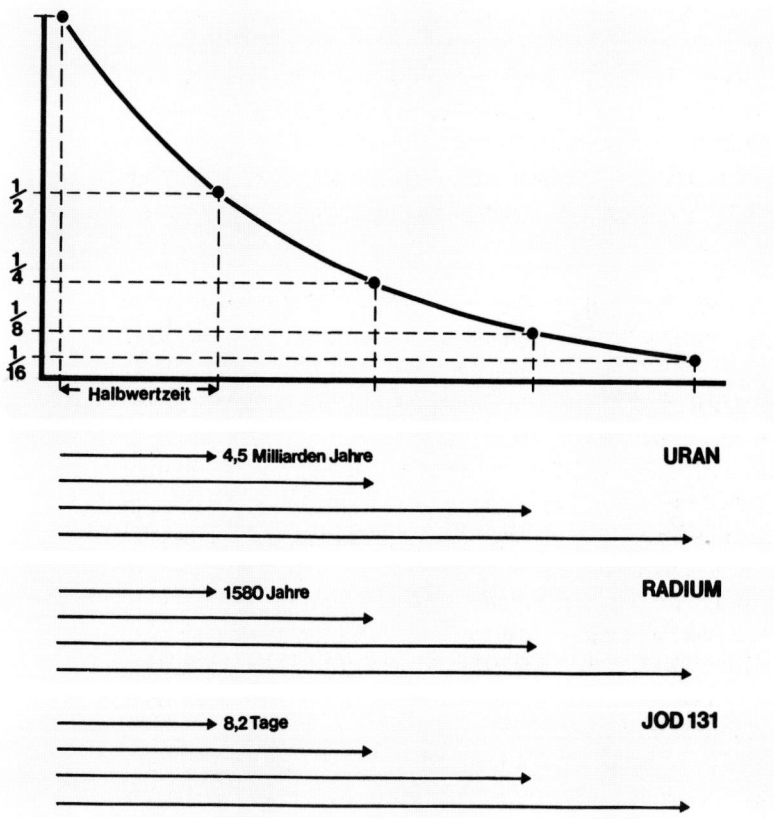

Typische Zerfallskurve einer radioaktiven Substanz mit
dem Begriff der Halbwertszeit. Die Halbwertszeiten für
Uran, Radium und Jod 131 sind angegeben.

zerfallen ist. Diese Halbwertszeiten zeigen ungeheure Schwankungen. Es gibt Halbwertszeiten von wenigen Sekunden, von vielen Tagen und von Tausenden von Jahren. Die kurzlebigen radioaktiven Substanzen verschwinden sehr schnell wieder, denn die Halbwertszeit läuft immerzu weiter. Wenn die Halbwertszeit eines radioaktiven Elements mit »T« bezeichnet wird, dann ist nach Ablauf der Zeit T bloß noch die Hälfte der ursprünglichen Substanz da. Nach der Ablaufzeit von zwei T ist nur noch ein Viertel da – nach drei T nur noch ein Achtel usw.... Die ursprünglich anwesende radioaktive Substanz halbiert sich demnach in genau gleichen Zeiträumen.

So hat z. B. das berüchtigte radioaktive Jod-131, das nach Tschernobyl 1986 weite Flächen Europas belastete, eine Halbwertszeit von acht Tagen. Da sich die Menge dieses Strahlenelementes rhythmisch alle acht Tage halbiert, war nach etwa zehn Wochen von Jod-131 überhaupt nicht mehr die Rede. Seine Halbwertszeit ist zu kurz.

Für die Geologen war es nun ein Segen, daß Uran eine unerhört lange Halbwertszeit hat, nämlich 4,3 Milliarden Jahre; das entspricht etwa dem Alter der Erde. Uran ist also so beständig, daß heute noch etwa die Hälfte des Urans, das die Erde bei ihrer Entstehung mitbekommen hat, vorhanden ist. Die Hälfte davon hat sich mittlerweile in Blei verwandelt. Wenn also die Geologen ein Felsmassiv untersuchen und dort ein Uranvorkommen entdecken, dann brauchen sie bloß das Verhältnis von Uran und Blei chemisch zu bestimmen, um dann die radioaktive Uhr ablesen zu können. Natürlich hat sich diese Uranprobe nicht seit Beginn der Erdgeschichte ununterbrochen an der gleichen Stelle befunden. Es ist ja typisch für die geologischen Kräfte, daß das Material dauernd umgeschichtet wird, manchmal einschmilzt und dann wieder erstarrt. Nun gibt es freilich sehr alte Gebirgsformationen auf der Erde, die von den geologischen Kräften über lange Zeiträume in Ruhe gelassen worden sind. Das sind dann die ältesten Gebirgsstöcke auf unserem Planeten, wie etwa in Kanada und an anderen Orten.

Insgesamt 88 kg Mondgestein wurden von den Astronauten vom Monde zur Erde heruntergebracht. Die Bilder zeigen zwei typische Muster. Mit Ausnahme *weniger Kristallstrukturen kommen die Mondgesteine auch auf der Erde vor.*

Die Uranuhr hat den Geologen verraten, daß diese untersuchten Proben schon etwa dreieinhalb Milliarden Jahre alt sind. Andere sind jünger – das können wir an der Uranuhr auch ablesen.

Die gleiche Methode hat es den Astronomen ermöglicht, das Alter von Mondgesteinen zu bestimmen, welche die Astronauten von unserem Trabanten mühsam heruntergebracht haben. Ihr Alter wurde mit der radioaktiven Uhr auf 3,8 Milliarden Jahre bestimmt. Das ist natürlich ein hinreißendes Ergebnis, daß das Alter der Erde und des Mondes so bildschön zueinander passen. Alle diese modernen Ergebnisse geben den Astronomen und Erdwissenschaftlern eine sehr befriedigende Bestätigung, daß ihre Zeitmaßstäbe offenbar den Tatsachen entsprechen.

Eines allerdings steht fest: Die gar nicht zu bestreitenden Ergebnisse der modernen Naturwissenschaften haben nachgewiesen, daß es wirklich Zeit genug gegeben haben muß für die Evolution der Erde und des Lebens auf ihr.

4

Die Zeit in unserer Vorstellungskraft

Die Entwicklung des Lebens auf unserem blauen Planeten, bei der die Natur auch intelligente Geschöpfe von der Art homo sapiens hervorgebracht hat, beanspruchte unvorstellbar lange Zeiträume. In der Naturgeschichte des vorgeschichtlichen Lebens gibt es die sogenannte Paläontologie, die mit hunderten von Millionen, sogar Milliarden von Jahren rechnen muß. Solche Zeitdimensionen sind unserer Vorstellungskraft völlig entzogen.

Wir Menschen leben in der Zeit. Aber was ist sie denn eigentlich? Viele Philosophen und Naturwissenschaftler haben sich darüber Gedanken gemacht, aber keinem ist eine echte Beschreibung dessen gelungen, was die Zeit eigentlich ist. So gibt es einen schönen Ausspruch über die Zeit von dem Kirchenvater Augustinus, der sagte: »Was aber ist die Zeit? Wenn ich selber darüber nachdenke, so weiß ich es. Wenn mich aber jemand fragt, um ihm die Zeit zu erklären, so weiß ich es nicht.« Auch unser großer deutscher Philosoph Immanuel Kant hat die Zeit eigentlich recht unbefriedigend erklärt. Er bezeichnete sie als »reine Form der sinnlichen Anschauung«. Grundsätzlich dient das, was wir Zeit nennen, die in eine Richtung gleichmäßig fortläuft, uns dazu, die Ereignisse vor und hintereinander anzuordnen. Freilich ist mit

*Sinnbild der sichtbar verrinnenden
Zeit: eine Sanduhr aus dem
13. Jahrhundert*

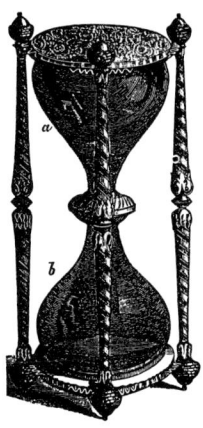

Kants Begriff das Wesen der Zeit noch nicht befriedigend gedeutet, da er sich zu sehr auf unsere »sinnliche Anschauung« bezieht. Vielleicht die schönste Definition des Wesens der Zeit stammt von Albert Einstein. Er sagte: »Zeit ist das, was man an der Uhr abliest.« Wenn uns auch die Zeit als Begriff umso flüchtiger erscheint, je mehr wir darüber nachdenken, so haben wir sie als Wissenschaftler doch hervorragend im Griff. Wir sind nämlich imstande, diese offenbar in einer Richtung stetig fortschreitende Zeit mit einer erstaunlichen Genauigkeit zu messen. Das Wesen der Zeit enthält zwei deutlich zu unterscheidende Begriffe:

1. den Zeitpunkt,
2. die Zeitdauer.

So wird beispielsweise für die Physiker und Astronomen überhaupt kein Zweifel darüber herrschen, wann, d. h. zu welchem genauen Zeitpunkt unser Jahrhundert (und damit auch dieses Jahrtausend) zu Ende gehen wird. Dieser Zeitpunkt ist am 31. Dezember des Jahres 2000 um 24 Uhr. Das stimmt. Wenn Sie es durchdenken,

a

b

c

Jede Uhr benötigt einen Zeitgeber, dessen Genauig-keit sich in den letzten 30 Jahren außerordentlich erhöht hat.
a: Unruhe einer alten Taschenuhr (5 Schwingungen pro Sekunde) b: Stimmgabeluhr Accutron (360 Schwingungen pro Sekunde) c: Quarzuhr (32 768 Schwingungen pro Sekunde). Mit der Zahl der Schwingungen steigt die Ganggenauigkeit.

werden Sie feststellen, daß das Jahr 2000 nämlich noch zu diesem Jahrhundert und zu diesem Jahrtausend gehört.

Ein Zeitpunkt markiert nun einen unendlich fein gedachten Schnitt im Zeitablauf, der schon deswegen gedanklich eine Utopie ist, weil man ihn nicht festhalten kann. Die Zeit läuft ja weiter. Abstände zwischen zwei Zeitpunkten nennt man einen Zeitraum. Wenn wir von der Zeit sprechen, so denken wir eigentlich meist an solche Zeiträume. Die Präzision, mit der man Zeiträume heute zu messen vermag, hängt nur von dem Stand unserer Technik ab, mit der wir

Ereignisse in der Zeitskala festlegen können. Auf diesem Gebiet haben die Physiker in den letzten 50 Jahren Fortschritte gemacht, die man geradezu als phantastisch bezeichnen kann. So sind die Wissenschaftler heute ohne weiteres imstand, so winzige und so riesige Zeiträume zu messen, daß sie unser Vorstellungsvermögen hoffnungslos überschreiten. Milliardstel von Sekunden gehören zu den Maßstäben des modernen Physikers bei der Beobachtung von atomaren Vorgängen – mit der gleichen Selbstverständlichkeit hantieren Astronomen mit Milliarden von Jahren. Was die Naturforscher an der Zeit fasziniert, sind Zeiträume, d. h. die grundlegenden Dimensionen des Zeitgefüges.

Wenn wir über Zeiträume nachdenken, dann kommt uns zunächst vielleicht das Jahr als langer, sodann die Sekunde als kurzer Zeitraum ins Bewußtsein. Dabei müssen wir uns im klaren sein, daß das Jahr und die Sekunde einen völlig provinziellen Charakter haben. Sie sind durch die beiden fundamentalen Erdbewegungen vorgeschrieben. Ein Jahr ist der Zeitraum von 365,2422 Tagen – so lange braucht die Erde, um die Sonne einmal zu umkreisen. Ein Tag jedoch ist 86 400 Sekunden lang – so lange braucht die Erde, um sich relativ zur Sonne einmal um ihre Achse zu drehen. Mehr als diese Aussagen enthalten die Begriffe eines Jahres und einer Sekunde nicht. Intelligente Wesen auf anderen Welten könnten durchaus andere Zeitmaßstäbe haben. Die Frage ist lediglich, in welchem Verhältnis die Zeitmaßstäbe dieser Wesen zur Länge unseres Jahres und unserer Sekunde gewählt wurden. Am Wesen der Zeit und ihrer Meßbarkeit ändert das überhaupt nichts. Unser Jahr und unsere Sekunde sind dabei genauso tauglich wie jede andere Zeiteinheit, die vielleicht andere intelligente Wesen im Weltall gewählt haben.

Wir müssen uns an dieser Stelle im klaren sein, daß es den Physiologen bisher noch nicht gelungen ist, in unserem Körper einen echten Zeitsinn zu entdecken. Für ein Sinnesorgan im klassischen Verständnis bedarf es ja anatomisch feststellbarer Empfangsorgane wie etwa die Sehzellen in der Netzhaut oder die Tastorgane in unserer Haut. Diese reagieren auf einen äußeren oder inneren Reiz und liefern entsprechende nervöse Signale an das Gehirn, die uns dann eine typische Sinnesempfindung zum Bewußtsein bringen. Nun haben wir in unserem Körper kein solches nachweisbares Organ, das etwa den Ablauf der Zeit mißt wie eine Uhr und uns die Ergebnisse zum Bewußtsein bringt. Der Ablauf der Zeit kann sich ja schlecht durch chemische oder physikalische Abläufe in unserem Körper meßbar bemerkbar machen. Die beste Chance wäre noch unser Pulsschlag, den ja auch schon Galilei als kürzesten Zeitmesser für die Messung der Schallgeschwindigkeit genutzt hat. Leider haben wir in unserem Gehirn keinen Zähler, der die Pulsschläge pro Minute aufzeichnet und ablesbar macht.

Dennoch gibt es so etwas wie einen Zeitsinn, obwohl wir damit den Rahmen für die Beschreibung eines Körpersinnes sprengen. Wir haben ein deutliches Gefühl dafür, wenn vier oder sechs Stunden vergangen sind. Einfach deshalb, weil wir dann vielleicht für die nächste Mahlzeit wieder Appetit haben. Die Vorgänge der Verdauung und die Zeitrate, in der unsere körperlichen Funktionen Energie verbrauchen, laufen etwa in diesem Rhythmus ab.

Mit einem eigenen Zeitsinn treibe ich schon seit Jahren ein interessantes Spiel. Ich brauche etwa 6 Stunden Schlaf pro Nacht und wache zwei- oder dreimal im Laufe einer Nacht auf. Dann muß ich mich erst orientieren, wo ich überhaupt bin; und dann frage ich mich, was wohl die Uhrzeit sei, zu der ich aufgewacht bin. Ich sage mir dann, es ist 10 Minuten nach 4 oder vielleicht 20 Minuten vor 6. Das für mich völlig Unerklärliche ist, daß ich mit meinen Schätzungen über die Zeit erstaunlich genau bin. Wenn ich vielleicht 10 Minuten oder eine Viertelstunde daneben rate, so ist das schon eine Ausnahme. Woher stammt nun dieses Zeitgefühl, daß ich nach

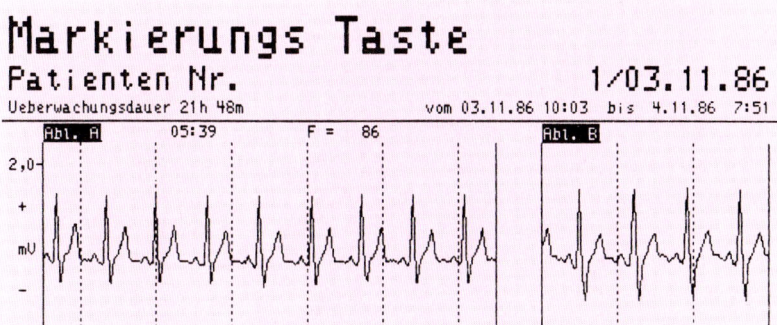

Elektrokardiogramm eines menschlichen Herzens. Mit einer Normalfrequenz von 70 Schlägen pro Minute hat der Herzschlag Galilei bei der Messung der Schall-geschwindigkeit als Zeitmesser gedient, da es damals noch keine Pendeluhren und Unruhen gab.

einigen Stunden Schlaf auf 10 Minuten genau weiß, wieviel Uhr es ist? Das ist mir selbst unerfindlich.

Selbst wenn wir einen Zeitsinn haben, hat er nicht die Präzision wie unsere anderen Sinne. Man hat interessante Versuche angestellt, bei denen Versuchspersonen in einem Labor alleingelassen wurden und jeweils angeben sollten, wann 5 Minuten, 10 Minuten oder eine halbe Stunde vergangen waren. Es ist erstaunlich, daß bei der Abschätzung des Zeitverlaufes bei diesen Versuchspersonen die Fehler im Schnitt immerhin unter 10 % lagen. Dennoch ist unser Zeitgefühl sehr relativ.

Wenn ein Zahnarzt uns eine Minute lang im Zahn herumbohrt, so erscheint uns die Länge dieser Minute sehr viel größer, als wenn man 10 Minuten lang mit seiner Geliebten schmust. So müssen wir uns durchaus die Frage stellen, ob das Zeitgefühl einen rein menschlichen Charakter hat und sich nur mit unserer Intelligenz entwickelte.

Ob Tiere ein Zeitgefühl haben, wissen wir nicht. Tiere wachen und schlafen im Rhythmus von Tag und Nacht – oder umgekehrt. Wir wissen, daß die Zugvögel während bestimmter Tage im Herbst ihren Flug nach dem Süden antreten. Es gibt in der Tierwelt erstaunliche Anpassungen an den Lauf der Zeit. Ob sich dabei allerdings Tiere des echten Wesens der Zeit bewußt sind, werden wir wohl nie wissen. Es könnte durchaus sein, daß das, was wir Menschen Zeitgefühl nennen, ganz eng an die Erscheinung der menschlichen Intelligenz gebunden ist und daß nur wir ein echtes Zeitgefühl haben.

Nun gibt es eine ganze Reihe von nervösen und physiologischen Vorgängen in unserem Körper, die uns einen Begriff über die Dimensionen der Zeit verschaffen. Nur das, was wir »erleben«, muß uns ja zunächst durch Sinnesorgane und entsprechende Empfindungen mitgeteilt werden.

Wir können uns also nur solche Zeiträume echt vorstellen, die wir selbst einmal erlebt haben. Fragen wir uns einmal, was ist etwa die kleinste Zeitspanne, die wir mit unserem Sinnesorgan bewußt noch unterscheiden, d. h. erleben können. Nun, die kleinsten Zeiträume hängen mit der Geschwindigkeit der Reize zusammen, die unsere Nerven durch den Körper hindurch weiterleiten. Die Geschwindigkeit der Nervenleitung beträgt etwa 60 bis 100 Meter pro Sekunde. Das ist viel langsamer als etwa ein elektrisches Signal, das sich fast mit Lichtgeschwindigkeit durch unsere Telefondrähte und bei den Radiowellen überträgt. Da unsere Körpergröße nach Metern zu bemessen ist, benötigt ein Nervenreiz demnach etwa eine 50stel Sekunde, um die Dimensionen unseres Körpers zu durchlaufen. Wenn uns also z. B. eine Zange oder ein Hammer auf den großen Zeh fällt, dann merken wir etwa nach einer 50stel Sekunde, daß es da unten weh tut; so lange hat das Signal gebraucht, um vom Zeh bis ins Hirn zu gelangen, um dort den Schmerz zum Bewußtsein zu bringen. Diese kleinsten Zeiträume, so in der Gegend von einer

Zugvögel haben einen Zeitsinn, der sie zu ihrem Flug um die halbe Erde herum veranlaßt.

30stel Sekunde, wollen wir mal im Mittel sagen, sind typisch, auch feststellbar an unseren anderen Sinnesorganen wie etwa dem Auge. Wir haben ja den berühmten »Augenblick«. Was ist denn das? Das ist ein Lidschlag, den wir erstaunlich oft unbewußt vollziehen, und das dauert ungefähr eine 30stel Sekunde. Die Vorderfläche unseres Auges, die Hornhaut, muß nämlich dauernd von einem ganz dünnen Feuchtigkeitsfilm bedeckt sein, so daß unser Lidschlag immerzu dafür sorgt, sie wie ein Scheibenwischer immer wieder fein zu säubern und zu befeuchten. Aber auch die Funktion der Netzhaut ist etwa in diesen Zeitmaßstäben feinstens unterteilt. Wir alle kennen das altmodische Kino, das etwa jede Sekunde 16 Bilder auf die Leinwand warf. Da konnten wir gerade noch die einzelnen Bilder hintereinander sehen, da wir sie zeitlich eben noch trennen konnten. Deswegen hieß das alte Kino ja auch die »Flimmerkiste«. Erst später ist man dazu übergegangen, in jeder Sekunde bis zu 24 oder 25 Bilder auf die Leinwand zu werfen. Physiologisch spricht man von der »Verschmelzungsfrequenz«, so daß bei dieser Bilderfolge der Eindruck einer stetigen, ununterbrochenen Bewegung entsteht.

Bei einem sogenannten »Daumenkino« wird aus der ruckartigen Bewegung der verschiedenen Bildphasen eine ununterbrochene fließende Bewegung, sobald es 25 Bilder pro Sekunde sind.

Auch beim Schall sind wir etwa bei einer 50stel Sekunde an der Grenze. Dann nämlich wird aus einem Erschütterungs-Brummton ein echter musikalischer Ton. Der Tastsinn ist vielleicht am meisten befähigt, feinste Zeitunterschiede noch zu erkennen. Wenn wir uns an unserem Stadtstrom elektrisieren, dann haben wir 50 Stöße pro Sekunde, denn der Stadtstrom ist ja ein Wechselstrom mit einer Frequenz von 50 Hertz.

Diese einzelnen Erschütterungen können wir noch ganz deutlich spüren. Wie dem auch sei, die kleinste Zeiteinheit, die wir mit unseren Sinnesorganen erleben können, liegt etwa in der Gegend von einer 30stel bis zu einer 50stel Sekunde. Alles, was darunter liegt, ist für uns sinnesmäßig nicht zu erfassen und daher auch unvorstellbar. In der Atomphysik handeln die Physiker mit milliardstel und billionstel von Sekunden – für uns völlig unvorstellbar; darin liegt ja auch die unvorstellbare Geschwindigkeit der Computertechnik. Da wir so winzige Zeiträume noch nie erlebt haben, können wir uns auch überhaupt nicht vorstellen, daß der kleine Quarzkristall in unserer Armbanduhr 16 384 mal in jeder Sekunde schwingt.

Was ist denn nun wohl der längste Zeitraum, den wir erleben und uns damit vorstellen können? Ich meine, daß etwa 100 Jahre hier eine richtige Angabe sei. Nur die wenigsten von uns werden allerdings so alt – aber immerhin, 70- und 80jährige Menschen gibt es genug, so daß sie die 20 Jahre ihrer Erlebens- und damit Vorstellungskraft noch hinzudenken können. Es ist nun typisch, daß unser Vorstellungsvermögen für die Zeit nach ein paar hundert Jahren, wenn man die Geschichte betrachtet, schon zu verschwimmen beginnt. Kaum einer von uns macht sich das klar: Wir wollen beispielsweise zwei große Persönlichkeiten der Geschichte betrachten – nehmen wir einmal Galilei und Aristoteles; wenn wir diese beiden Figuren betrachten, projizieren wir sie sozusagen auf eine Ebene, wie auf eine Kinoleinwand. Kaum einer aber von uns macht sich klar, daß Aristoteles auf dem Korridor der Zeit sechsmal weiter entfernt ist als Galilei. Wegen dieser mangelnden Vorstellungskraft ist es beispielsweise für ein Kind von etwa 10 Jahren völlig unmöglich zu begreifen, daß sein Großvater vielleicht 70 Jahre alt ist. Das ist jenseits der kindlichen Erfahrung und damit unvorstellbar; ja, ein solches Alter existiert noch nicht für ein Kind. Vielleicht steckt darin die Glückseligkeit der Kindheit.

Die interessante psychologische Tatsache in unserem Zeitempfinden besteht darin, daß der Lauf der Zeit mit steigendem Alter sich unerhört beschleunigt. Ein amerikanischer Psychologe hat einmal einer größeren Zahl von Versuchspersonen die Aufgabe gestellt, den Ort der Ereignisse in ihrem Leben längs eines Lineals zu markieren. Übereinstimmend hat er dabei festgestellt, daß ein Mensch die Mitte seines Lebens etwa auf das 18. Lebensjahr fixiert; gleichgültig, ob ein Mensch 40, 60 oder 70 Jahre alt ist – die ersten 18 Jahre seines Lebens erscheinen ihm genau so lang wie der Rest. Daher kommt es, daß ältere Menschen, wenn sie sich nach längerer Zeit wiedertreffen, sich gegenseitig auf die Schulter schlagen mit den Worten: »Na, Mensch, wie die Zeit vergeht.« Erst als älterer Mensch empfindet man diese erschreckende Zentrifugalkraft, die Zeitschleuder.

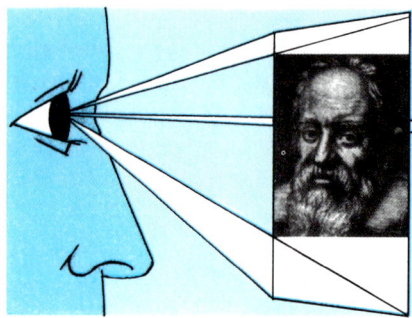

Galileo Galilei 1564–1642

Nun wollen wir an dieser Stelle von der Entwicklungstheorie des menschlichen Lebens von Charles Darwin sprechen. Um diese gewaltigen Vorgänge auf die Bühne zu stellen, benötigt die Natur nicht nur etwa ein paar tausend Jahre, sondern hunderte von Millionen, ja Milliarden von Jahren. Die engen Schranken der Zeitvorstellung sind eben auch der Grund dafür, daß die Darwinsche Evolutionstheorie es so schwer hat und auch heute noch von Glaubenseiferern bekämpft wird. Die Genesis der christlichen Religion und des Islams spricht von einigen tausend Jahren. Das ist ein Zeitraum, den man dem Menschen in seiner Zeitvorstellung in etwa noch zumuten kann, obwohl man sich auch 6000 Jahre nicht recht vorstellen kann. Davon soll hier noch die Rede sein. 6000 Jahre sind natürlich viel zu kurz für die Biologen, als daß sie annehmen können, daß merkliche genetische Änderungen in der Struktur des Lebens wirksam geworden sind. Eine Ausnahme ist gezielte Züchtung von Tieren und Pflanzer.. Das geht etwas schneller.

Nun, die Inder und die Azteken haben es gewagt, gewaltige Zeiträume in ihre Mythologie einzuarbeiten. Dabei haben sie sich nicht um die Grenzen der Menschenvorstellungskraft und für das Maß der Zeit gekümmert. Die Philosophen und Priester des alten

Im Verlaufe eines Lebens kommen uns die Jahrzehnte immer kürzer vor. Bei diesem psychologischen Phänomen der »Zeitschleuder« liegt die gefühlsmäßige Mitte des Lebens etwa bei 18 Jahren. ▷

Aristoteles 384–322 v. Ch.

Symbolische Darstellung für die Tiefe der geschichtlichen Zeiträume. In unserer Vorstellung stellen wir uns
die geschichtlichen Figuren Galilei und Aristoteles in
gleicher »zeitlicher Entfernung« vor, während in der Tat
Aristoteles im Korridor der Zeit viereinhalb mal weiter
von uns entfernt ist.

Südamerika und Indiens freilich haben auch Abstand genommen
von dem klassischen linearen Zeitbegriff, der für die christliche
Religion und den Islam typisch ist. Danach ist die Zeit eine lange,
unendliche Linie mit einer unendlichen Vergangenheit und einer
unendlichen Zukunft. Das ist doch eigentlich eine erschreckende
Idee. Unter allen Zeitbegriffen ist das Konzept »Ewigkeit« das
Unvorstellbarste. Die Inder und die Azteken sprechen von großen
Zyklen, die sich immer wiederholen. Damit weichen sie natürlich
nicht dem erschreckenden Begriff der Ewigkeit aus; sie nehmen
ihm nur den Stachel.

An dieser Stelle können wir nur noch einmal an den Kirchenvater
Augustinus erinnern. Wir alle wissen, was die Zeit ist. Ihr unerfor-
schliches Wesen jedoch erschüttert uns Menschen immer wieder.

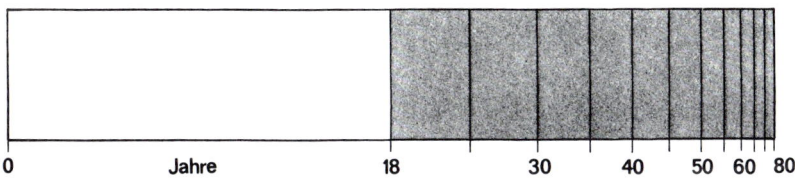

5

Eine dramatische Story

Vor rund 350 000 000 Jahren entstanden die ersten Landwirbeltiere, die sich dann zum mächtigen Stamm der Dinosaurier entwickelten. Diese Riesensaurier selbst sind vor etwa 70 000 000 Jahren ausgestorben.

Was in aller Welt soll man mit solchen Riesenzahlen – welche für jeden unvorstellbar große Zeiträume darstellen – begrifflich anfangen? Da muß man schon ein Fachmann sein oder sich für die Erdgeschichte ernsthaft interessieren, um auf einen Blick zu erkennen, daß diese Zahlen stimmen. Dem unbefangenen Leser wird es gar nicht auffallen, wenn etwa durch einen Druckfehler hier oder dort ein paar Nullen mehr oder weniger stünden.

Jeder von uns schaut pro Tag vielleicht hundert Mal auf die Uhr, und wir fragen öfter nach dem Wochentag, über den uns der Kalender Auskunft gibt. Deshalb sind uns die Zeitmaßstäbe des täglichen Lebens so griffig. Wir arbeiten geistig ständig mit ihnen, sie sind uns daher als Erlebnisse völlig vertraut. Die Sekunde, die Minute, die Stunde, der Tag, die Woche, der Monat und das Jahr sind in unserem zeitlichen Vorstellungsvermögen sicher verankert; wir benutzen sie laufend und »erleben« sie auch.

Obwohl wir physiologisch kein nachweisbares Sinnesorgan besitzen, das uns den Ablauf der Zeit mißt, haben wir dennoch einen »Zeitsinn«, ein Gespür für den Ablauf der Zeit. Trotzdem haben wir alle schon die Erfahrung gemacht, daß man sich da sehr irren kann. Wie dem auch sei – worauf es hier ankommt, ist die Tatsache, daß wir alle den Zeitraum eines Jahres, wie er im Kalender steht, vorstellungsmäßig sehr gut im Griff haben.

Bei dem Entwurf unseres Kalenders wollen wir nun annehmen, daß die ganze Geschichte der Erde, von Beginn ihrer Entwicklung an bis heute, in den Zeitraum eines einzigen Jahres – vom 1. Januar bis zum 31. Dezember – hineinpaßt. Das kann man mit einer ganz einfachen Rechnung bewerkstelligen: Wir setzen dabei den Beginn der Erdgeschichte so an, daß wir die Epoche der Entstehung des Planetensystems als Ganzes fortlassen und unsere Zeitrechnung mit dem Termin beginnen, da sich die Erdkruste geformt hat und die Meeresbildung aus dem Wasserdampf des Vulkanismus anfing. Dieser Zeitpunkt liegt etwa 4 400 000 000 Jahre in der Vergangenheit. Unser Kürzungsmaßstab ist also 1 : 4 400 000 000. In dieser zeitlichen Verkürzung entsprechen in unserem Kalender die Zeitabschnitte (auf- und abgerundet) den folgenden Längen:

1 Jahr	=	4 400 000 000 Jahre
1 Monat	=	360 000 000 Jahre
1 Tag	=	12 000 000 Jahre
1 Stunde	=	500 000 Jahre
1 Minute	=	8 400 Jahre
1 Sekunde	=	140 Jahre

Nun sind wir so weit, daß wir die Geschichte des irdischen Lebens und seine Entwicklung bis zum homo sapiens leidlich einordnen können. Da wir den Kalender ja so gut kennen, sind wir ohne weiteres imstande, uns über die zeitlichen Abstände dieser großartigen Ereignisse ein gutes Bild machen zu können. Für die Zeit von Januar bis Oktober sind die Angaben freilich noch recht

4000		
2000	Erdurzeit	Entstehung organischer Moleküle
		Anfänge des Lebens
1000		
900		
800		
700	Erdfrühzeit	
600		
540		
500		
400		
300	Erdaltertum	
200		
100	Erdmittelalter	
60		
0,6	Erdneuzeit	
Millionen Jahre		

ungenau. Sobald wir uns jedoch dem Jahresende nähern, können wir bestimmte Ereignisse schon auf den Kalendertag genau angeben, und unsere jüngste Geschichte ist zeitlich so präzise bekannt, daß wir mit Stunden, Minuten, ja sogar mit Sekunden rechnen können.

In der ersten Januarwoche war entsprechend unserem Entwurf die Erdkruste schon so weit erkaltet, daß sich die Wassermassen, welche Vulkane in Dampfform ausstießen, niederschlagen und in den Vertiefungen der Landschaft ansammeln konnten: Das waren die Anfänge des Weltmeeres. Diese Prozesse sind heute noch im Gange. Die Masse des Weltmeeres wird immer noch durch den Vulkanismus angereichert.

Nach den bisherigen Vorstellungen haben sich dann in diesem Meer die ersten organischen Moleküle, die Bausteine des Lebens, gebildet. Man hat Versuche angestellt und dabei festgestellt, daß jene chemischen Substanzen, die sich schon bald nach der Bildung des Meeres dort angesammelt haben, geeignet sind, die ersten sogenannten organischen Moleküle zu bilden, und zwar die sogenannten Aminosäuren. So hat man eine solche »Ursuppe« mit elektrischen Entladungen behandelt, sie im Laboratorium laufend schön durchgeschüttelt, und bereits nach einer Woche fand man eine ganze Reihe von Aminosäuren. Diese können sich zu Peptid-Ketten zusammenfügen. Das sind die Anfänge der chemischen Makromoleküle, die für die Lebenssubstanz typisch sind. Mit dieser Suppe hat die Schöpfung Millionen von Jahren gemischt. Sie hat ja Zeit – jene wichtige Zutat im Rezept des Lebens.

Dann wird es etwa im April oder Mai gewesen sein, daß die wohl wichtigste Erfindung des Lebens gemacht worden ist. Es entstand als Resultat dieses immerzu ablaufenden gigantischen Würfelspiels ein schon recht kompliziertes Molekül, das eine völlig neue Eigenschaft besaß. Es war begabt, sich selbst zu reproduzieren. Mit seinen chemischen Kräften war es imstande, aus der Umgebung all

Die zeitliche Entwicklung der Erdzeitalter in logarithmischem, das heißt bei den größeren Werten stark zusammengedrängtem Maßstab. Die Anfänge des Lebens haben gewaltige Zeiträume in Anspruch genommen, ehe es sich dann in den letzten paar hundert Millionen Jahren explosionsartig ◁ entwickelt hat.

Erdlandschaft vor etwa 4 Milliarden Jahren kurz nach der Entstehung mit noch recht heftigem ◁ Vulkanismus

Nach Erkaltung der Erdkruste und der Atmosphäre kurz nach der Entstehung des Erdballs bilden sich aus Regengüssen von Jahrtausenden die Weltmeere.　▷

jene Atome und Molekülgruppen anzuziehen und sie zu einer Struktur zusammenzubauen, die ihm selber genau glich. Das war vielleicht die größte Erfindung des Lebens: die Fortpflanzung, d. h. die Neuerstellung seinesgleichen. Das geschieht ja heute noch, wenn wir Kinder bekommen.

Nun haben wir in unserem Jahreskalender noch ein paar Monate Zeit, um auf die weitere Evolution einer Organisation dieser bereits hochentwickelten Moleküle zu warten. Die Moleküle haben sich in winzigen Strukturen zusammengefunden und eine Aufgabenteilung vorgenommen. Einige Moleküle bildeten eine Schutzhaut, und die echt fortpflanzungsfähigen Moleküle wurden zu einem Kern im Innern zusammengefügt. Es entstand die erste Zelle. Die

Außenhaut sorgte dafür, daß entsprechende Stoffe ins Innere der Zelle gelangten, aus denen dann die fortpflanzungsfähigen Moleküle sich in aller Ruhe selbst reproduzieren konnten. Das war der nächste Schritt: Aus einer Zelle wurden durch die Zellteilung zwei Zellen. Durch die Erfindung der Zellteilung wurden aus einer Zelle zwei genau identische Zellen.

Nun war kein Halten mehr. Die Grundstoffe waren ja in Fülle vorhanden. Und die Zelle mit ihrer Teilungsfähigkeit war eine typische erfolgreiche Erfindung im Sinne von Darwin. Die haben gar nichts zu befürchten, haben ja gar keine Konkurrenz. Aber die Natur experimentiert immer weiter. Und mit neuen Strukturen entstanden Zellformen, die in ihrer Erbsubstanz ein wenig verschieden waren. Durch Strahlungseinflüsse und durch giftige Fremdstoffe entstanden die ersten Mutationen. Wenn dann zwei dieser etwas anders gearteten Zellen aufeinandertrafen, kam es gelegentlich vor, daß sie sich vereinten und ihre Erbanlagen teilten. Das war ein so ungeheurer Vorteil in der Überlegenheit beim Kampf ums Dasein, daß diese Mischzellen sich in der Umwelt sehr bald durchsetzten. Die zweigeschlechtliche Fortpflanzung wurde erfunden.

Bestimmt gab es in diesem gewaltigen Würfelspiel auch solche Zellen, die sich durch Mischung aus drei, vielleicht sogar vier Zellen neu gebildet haben. Vielleicht waren diese noch erfolgreicher; indessen hat ihre Fortpflanzung den großen Nachteil, daß sich dabei zu einer neuen mehrgeschlechtlichen Zelle drei oder vier solcher Zellen zur gleichen Zeit am gleichen Ort zusammenfinden müssen. So ein Ereignis ist zu unwahrscheinlich, und deshalb hat es die Natur bei der zweigeschlechtlichen Fortpflanzung belassen. Aus diesem Grunde werden für die Erzeugung eines Kindes nur zwei Elternteile benötigt. Hätte die mehrgeschlechtliche Fortpflanzung damals im Mai oder Juni den Erfolg davongetragen, dann müßte jedes Kind heute vielleicht drei oder gar vier Eltern haben.

Mit der Bildung der Zellen entstanden auch schon die ersten Zellansammlungen, d. h. die ersten Tiere und Pflanzen, die im Meere herumtrieben. Da gab es die Algen und die Schwämme, und die Organisation von Zellen für die Struktur der größeren Pflanzen- und Tierkörper begann. Diese mehrzelligen Lebewesen entstanden etwa im Oktober, d. h. noch vor Beginn der ersten klassischen Epoche der geologischen Zeitrechnung, nämlich dem Kambrium. Dieses begann in der ersten Woche des November. In der Mitte des November entstanden dann auch schon komplizierte Konstruktionen wie Schnecken, Muscheln und Seekrebse. In der zweiten Novemberhälfte kamen auch noch die Tintenfische hinzu. Dann kam es zur Bildung der ersten Wirbeltiere. Dazu gehörten die ersten Fische, die Panzerfische. Diese hatten – ähnlich wie ihre

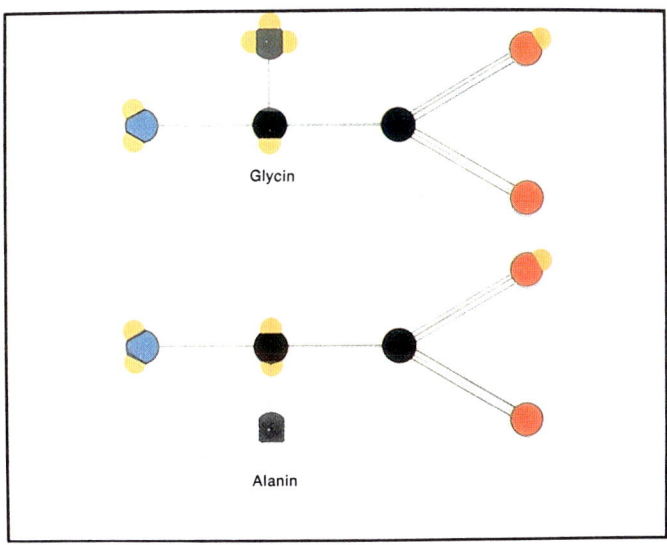

Glycin

Alanin

Strukturformen der beiden einfachsten Aminosäuren Glyzin und Alanin

Vorgänger – noch eine harte Außenhaut, mit der das Leben gelernt hat, sich gegen jegliche Umwelteinflüsse abzukapseln.

Nun braucht ja ein Lebewesen eine Stützstruktur, damit es seine Form beibehält. Eine harte Außenhaut freilich hat einen großen Nachteil, weil sie die Bewegungsfreiheit behindert. Muscheln oder Austern leben eigentlich immer auf dem Meeresboden, wo sie sich für den Rest ihres Lebens fest ansiedeln. Die beweglichen Fische freilich haben es gelernt, daß man die Stützstruktur auch nach innen verlagern kann. Es entstanden die ersten Grätenstrukturen, die Anfänge des Knochengerüsts. Die allerdings immer weicher werdende Außenhaut hatte dafür den Vorteil, daß sie zum Teil durchlässig war und sich für den Austausch mit den Stoffen der Umwelt sehr viel besser eignete.

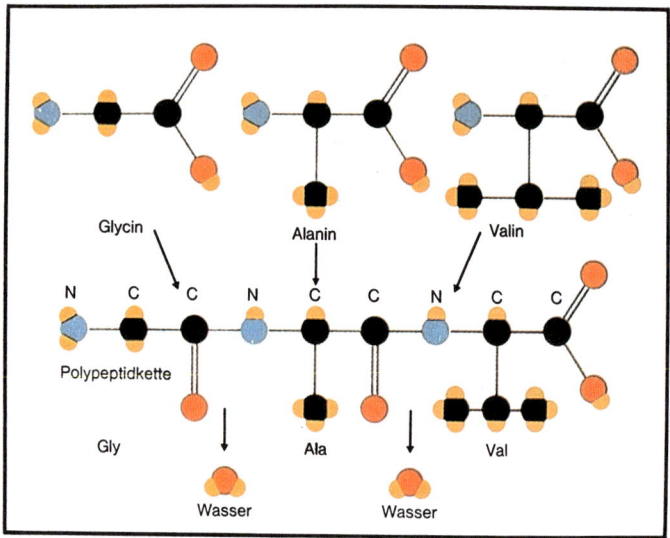

Schematische Darstellung der Bildung einer kurzen Polypeptidkette aus den drei einfachsten Aminosäuren Glyzin, Alanin und Valin. Bei der Verkettung findet sich das sogenannte »Aminende« der einen Säure mit dem sogenannten »Karboxylende« der anderen Säure zusammen. Bei dieser Art von Verbindung werden je ein Sauerstoff – und je zwei Wasserstoffatome frei, die sich zu einem Wassermolekül zusammenfinden.

Und dann, am 28. November, eroberte das Leben endlich das Land, nachdem es fast achtzig Prozent seiner Existenz bisher nur im Meer zugebracht hatte. Diese Eroberung des Landes erfolgte durch eine explosionsartige Entwicklung des neuen Landlebens in Fauna und Flora. Das ist ein so interessanter Teil unserer Story, daß die Landeroberung im nächsten Kapitel eigens genauer beschrieben wird.

Zunächst hat das Leben das Land nur zögernd betreten, aber es entwickelte sich dann atemberaubend schnell innerhalb von wenigen Tagen. Es entstanden die ersten Insekten, und die ersten Landwirbeltiere traten auf, als Fischflossen sich zu immer tüchtiger werdenden Krabbelfüßen umbildeten. Die Pflanzen begannen mit

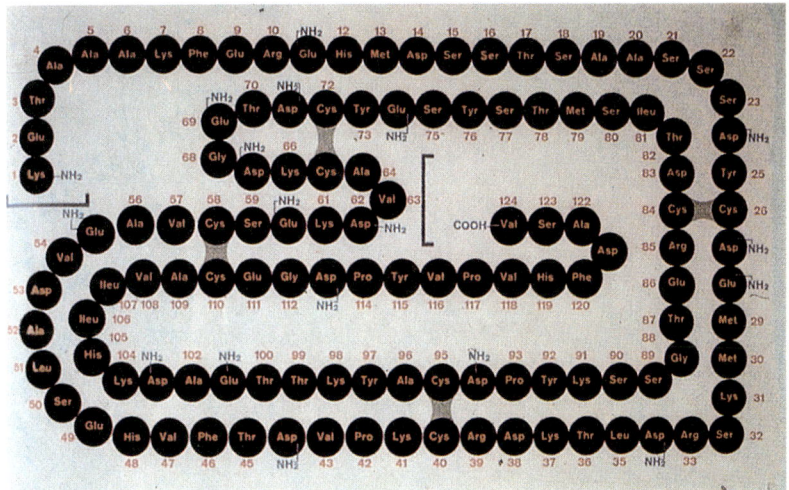

Modell des größten bisher künstlich hergestellten Proteinmoleküls, der »Ribonuklease«, eines Verdauungsfermentes. Das Molekül besteht aus einer Kette von 124 Aminosäuren, die der Reihe nach durch Abkürzung ihrer ersten drei Buchstaben gekennzeich-net sind. Das Molekül ist geknäuelt, wobei an den Positionen 26/84, 40/95, 58/110 und 61/72 jeweils durch die Aminosäure Cystin über eine sogenannte Disulfidbrücke Querverbindungen bestehen.

Gräsern und Schachtelhalmen und lernten langsam, feste Holzstämme zu entwickeln, mit denen sie sich gegenüber der Schwerkraft aufrechthalten konnten. Als schwimmende Formen des Meerestangs brauchten sie keine größere Stabilität – sie schwebten ja im Auftrieb des Meerwassers.

Am 2. Dezember erschien der erste primitive Saurier, woraus sich dann das Riesengeschlecht der Schreckensechsen entwickelte. Das war eine überaus erfolgreiche Erfindung der Natur, und dieses Geschlecht hat die ganze Erde erobert. Einige erhoben sich sogar in die Luft mit ihren fledermausartigen Flügeln: die Flugsaurier. Einige von ihnen gingen wieder ins Meer zurück und haben als Ichthyosaurier, als Plesiosaurier und andere phantastische maritime

Ein Molekül der Desoxyribonukleinsäure teilt sich, wobei jeder der beiden Einzelstränge der Doppelwendel sich wieder zu einer vollständigen Doppelwendel ergänzt. Dieser hochkomplizierte Vorgang ist die Grundlage der Zellteilung und damit auch der Vererbungsvorgänge. Im inneren Teil der Doppelwendel sitzen – nach einem bestimmten Muster in ihrer Reihenfolge – Repräsentanten der vier basischen Substanzen Adenin (A), Cytosin (C), Guanin (G) und Thymin (T), die sich jeweils paarweise aneinanderfügen, und zwar A mit T und G mit C. Jede der Basen in den Hälften der geteilten Wendel sucht sich die entsprechenden Partner aus der Masse der Zellsubstanz heraus, so daß sich hinterher zwei Doppelwendeln mit derselben Reihenfolge der Basenpaare bilden.

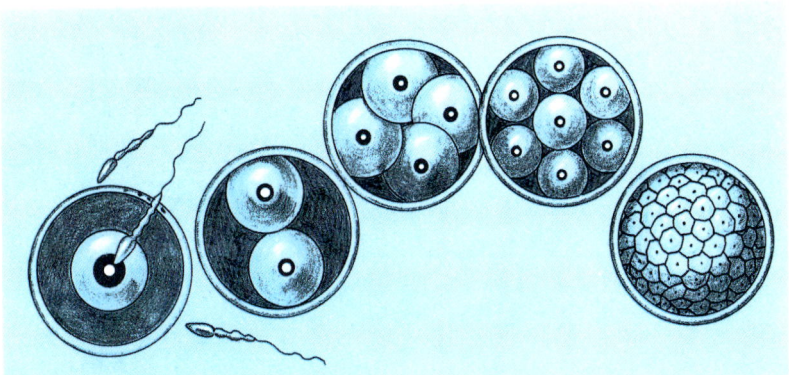

Prinzip der Zellteilung, wobei die gerade zur Befruch-
tung gelangte Eizelle (ein Samenfaden hat das Ei
befruchtet) sich stufenweise verdoppelt. Nach dem

7. Teilungsvorgang (letztes Bild) besteht der Keimling
bereits aus 128 Zellen. Nach dem Aussehen des Keim-
lings spricht man hier vom »Brombeerstadium«.

Saurierformen das Meer beherrscht. Etwa am 15. Dezember erreichten sie ihren Höhepunkt; etwa um den 2. Weihnachtsfeiertag, am 26. Dezember, sind sie bis auf klägliche Überreste ausgestorben.

Über die Gründe dieses relativ schnellen Aussterbens gibt es zum Teil fantastische Hypothesen, wobei große Katastrophen eine Hauptrolle spielen. Einstürze von riesigen Meteoren aus dem Weltall und krasse Klimaveränderungen werden dafür verantwortlich gemacht. Aus mehreren Gründen mag ich diesen Katastrophen-Theorien nicht zustimmen. Meteoreinstürze konnten doch nur lokal wirksam sein, und auf der anderen Seite der Erde, gegenüber von dem Einsturzort, hat es den Sauriern überhaupt nicht geschadet. Globale Klimaänderungen sind als Ursache für das Auslöschen des Sauriergeschlechts schon deswegen nicht einleuchtend, weil die mittlere Temperatur der tropischen und subtropischen Ozeane davon sicher nicht so entscheidend beeinflußt werden konnte. Dann hätten doch die Meeressaurier überleben müssen.

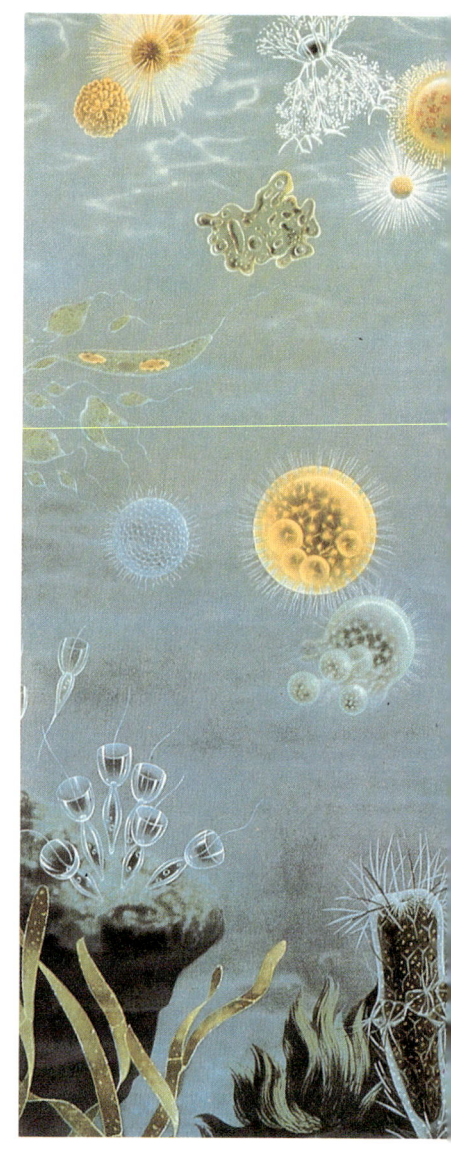

Einzellige Lebewesen im Urmeer
und einige der ersten mehrzelligen
Strukturen wie Seegurken, See-
lilien und Quallen

Wir kommen damit auf eine wichtige Einrichtung fast aller Tiere zu sprechen, nämlich das Nervensystem. Damit sind verbunden die Fähigkeit eines Tieres, sich zu bewegen, Sinneseindrücke aufzunehmen und sie in einer Zentrale, nämlich dem Gehirn, zu speichern. Das war ein ungeheurer Fortschritt.

Nun hat sich gezeigt, daß die Funktion des Nervensystems und des Gehirns nur dann einwandfrei ablaufen kann, wenn diese diffizilen Zellen bei einer konstanten Temperatur gehalten werden. Die Nervenfunktionen und die Funktion des Gehirns sind nämlich sehr stark temperaturabhängig. Das kennen wir von uns selbst. Wenn wir einen schweren Fieberanfall haben und die Körpertemperatur auf über 41, 42° steigt, so verfallen wir in Fieberfantasien. Umgekehrt wird der Körper auf 34° oder noch darunter unterkühlt, dann werden wir bewußtlos und verfallen nach relativ kurzer Zeit in den Kältetod. Das ist ja nur eine kleine Spanne zwischen 42 und 34° Celsius. Die Schöpfung hat es jedoch geschafft, Lebewesen zu schaffen, die einen eigens eingebauten Thermostaten haben, um damit diese Temperaturspanne immer aufrecht zu erhalten. An dieser Stelle kommen wir dazu, die großartige Erfindung der Warmblüter ins Auge zu fassen.

Betrachten wir einmal die Tiere, die nach unserem Kalendermodell bis etwa um Weihnachten herum gelebt haben. Das waren alles sogenannte Kaltblüter. Die Temperatur ihrer Körper war immer von der Umwelt abhängig. Sie haben selber keine Körperwärme erzeugt und waren immer so warm und so kalt wie die Umwelt, in der sie lebten. Das war für die Funktion des Nervensystems nicht sehr günstig. Das ist auch der Grund, weshalb die einfachen Tiere, die Kaltblüter, eigentlich nicht sehr intelligent waren, obwohl sie immerhin ihre Körperfunktionen so weit bedienen konnten, um zu überleben.

Aus vielen Tarzan-Filmen kennen Sie bestimmt Szenen, in denen Tarzan einen Alligator in dessen Element besiegt. Da hat man

Versteinerte Formen aus dem Erdaltertum und
Erdmittelalter:

a: Trilobit, ein ausgestorbener Meerkrebs
b: Seelilie, ein Hohl- oder Pflanzentier
c: eine der frühesten Libellen
d: versteinerter Urfisch

einfach folgendes gemacht. Man hat den armen Alligator 4 oder 5 Stunden lang zuvor in einen Swimmingpool mit einer Temperatur von 10° geworfen. Da wurde der Alligator ganz schlapp und steif und konnte nicht mehr richtig reagieren. Die Außentemperatur hat sein Nervensystem so gelähmt, daß er eigentlich gar nicht mehr normal reagieren konnte. Wäre der Tarzan in ein tropisches

Gewässer gesprungen, wo die Wassertemperatur 30° beträgt, dann hätte er gegen den reaktionsfähigen Alligator überhaupt keine Chance gehabt. Dadurch, daß man den armen Alligator allerdings vor der Filmaufnahme auf 10° unterkühlt hatte, hat man ihm seine Reaktionsfähigkeit genommen und der Tarzan mit seiner Körpertemperatur von 37° konnte ihn dann mühelos besiegen, ihm die Schnauze zuhalten und war ihm einfach überlegen. Das gelang Tarzan aber nur, weil der Mensch ein Warmblüter ist. Wir wollen jetzt einmal überlegen, was das für eine ganz bedeutende Erfindung der Natur war, als sie die Warmblüter erschuf.

Mit der Hochentwicklung des Nervensystems muß die Natur stets für eine richtige Temperatur sorgen, damit diese großartige Erfindung auch immer funktioniert. Das heißt, sie mußte den höheren Lebewesen einen Thermostaten einbauen. Ein Mechanismus, der es ermöglicht, immer die gleiche Temperatur zu erhalten, unabhängig davon, ob es draußen kalt oder heiß ist. Die ideale Temperatur beispielsweise für den Menschen ist 37°. Es ist ungeheuer, wenn wir uns vorstellen, daß alle lebenden Menschen schon von der Zeugung und Geburt an das ganze Leben hindurch bis zum Tod immer bei dieser Temperatur von 37° gehalten werden. Dieser Thermostat in den Warmblütern, zu denen wir Menschen auch gehören, funktioniert fantastisch. Gewiß, gelegentlich haben wir bei Krankheiten Fieber, und die Temperatur steigt vielleicht um 3 oder 4° über diese Normaltemperatur. Das geht allerdings schon an die Grenze. Auf der anderen Seite werden wir mal unterkühlt, aber wenn 34° erreicht werden, dann hört es auch schon wieder auf. Und es ist wirklich großartig, wenn man bedenkt, daß alle lebenden Menschen seit 2 000 000 Jahren von der Zeugung über das Wachsen im Mutterleib bis zur Geburt und dann bis zum Tode immer die Temperatur von 37° gehalten haben. Das ist das besondere Geheimnis der Warmblüter, zu denen die echten Vögel gehören und dann auch alle Säugetiere.

Landschaft aus dem Erdzeitalter Devon kurz nach der Eroberung des Landes durch die Flora. Wir sehen heute längst ausgestorbene Saurier, zum Teil noch recht klein, und ebenfalls heute längst ausgestorbene Pflanzenarten, darunter die sogenannten Schuppenbäume, Siegelbäume und die Ahnen heutiger Nadelhölzer. ▷

Jetzt müssen wir noch einmal zurückkehren zu der großen Frage, wieso die Saurier, Kaltblüter, die so lange gelebt haben, umkamen. So waren wohl die ältesten Säugetiere kleine rattenähnliche Wesen. Unter einer ganzen Reihe von Paläontologen gibt es einige, welche das Aussterben der Säugetiere überhaupt nicht in kosmischen Katastrophen sehen, sondern als Folge einer ganz natürlichen Darwinschen Entwicklung. Nun sind die Saurier ja auch nicht plötzlich ausgestorben, sondern bis sie dann ganz verschwanden, hat es immerhin 5 bis 10 000 000 Jahre gedauert. Das war in unserem Kalendermaßstab also ein ganzer Tag. Nach diesem Modell waren die Saurier der Neuschöpfung der Säugetiere einfach unterlegen, weil diese pfiffigen, klugen, wendigen Tiere die Eier der Saurier auffraßen. Mit ihrer Nachkommenschaft machten es sich die Saurier nämlich sehr bequem. Sie legten die Eier in den Sand, scharrten sie zu und überließen so der Sonne das Geschäft des Ausbrütens. Auch die Meeres- und die Flugsaurier sind bei diesem Verfahren geblieben. Die Schildkröten machen es heute noch so. Als Kaltblüter kümmern sie sich auch nicht um ihre Nachkommen. Ein Schildkrötenweibchen legt heute noch Tausende von Kilometern im Meer zurück, kriecht ans Land und legt seine Eier in den warmen Sand. Es scharrt sie wenigstens zu und verläßt sich auf die Sonnenwärme, die die Eier ausbrüten soll. Dann überläßt sie ihre Jungen ihrem Schicksal, die sich nach dem Ausschlüpfen ausgraben und dem Meer zustreben. Ein Schildkrötenweibchen – typisch für die Kaltblüter – kennt seine Kinder überhaupt nicht.

Natürlich waren diese Nester und die ausschlüpfenden kleinen wehrlosen Jungen für die pfiffigen Säugetiere eine gedeckte Tafel. Wenn diese in der Natur völlig neue Bedrohung für die Nachkommenschaft des mächtigen Sauriergeschlechtes 5 000 000 bis 10 000 000 Jahre lang wirksam ist, dann kann man sich schon sehr gut vorstellen, daß das ihr Ende bedeutet.

vorhergehende Seite:
Meeressaurier aus dem Erdmittelalter. Darunter der langhalsige Plesiosaurus und der mit einem gezähnten Schnabel ausgestattete Ichthyosaurus mit seinen Jungen. In der Luft tummeln sich Flugsaurier wie das Pteranodon mit seiner riesigen Spannweite.

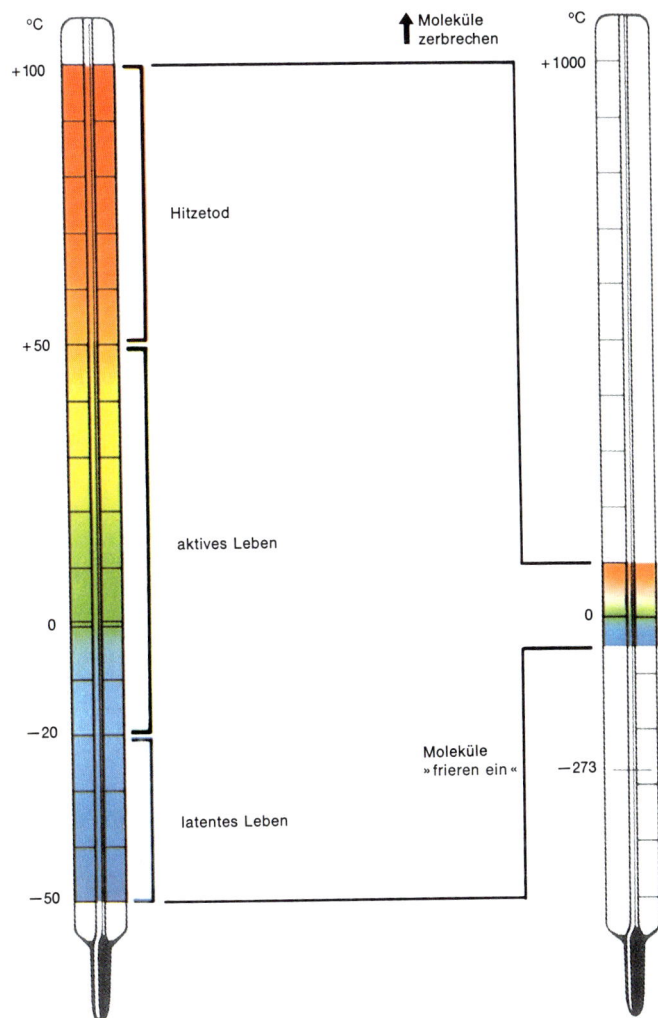

°C

+100

Hitzetod

+50

aktives Leben

0

−20

latentes Leben

−50

Moleküle zerbrechen

°C

+1000

0

Moleküle »frieren ein«   −273

Links: Die Skala eines Thermometers dient dazu, die Lebensbereiche zu kennzeichnen. Aktives Leben ist nur bei einer mittleren Temperatur möglich; bei tiefen Temperaturen kann das Leben nur latent existieren, während es bei höheren Temperaturen zerstört wird. Rechts: Ein größerer Maßstab der Temperaturskala zeigt die jeweiligen physikalischen Zustände der Moleküle.

Natürlich mußten die Warmblüter das Geschenk ihres hochfunktionierenden Nervensystems auch bezahlen. Ein so raffiniertes Nervensystem braucht zu seiner Entwicklung im Ei oder im Mutterleib eine längere Zeit und auch einen größeren Raum. Es ist typisch für die Warmblüter, im Gegensatz zu den Kaltblütern, daß die Zahl ihrer Nachkommenschaft bei der Entwicklung im Ei oder im Mutterleib drastisch herabgesetzt wurde.

Gewiß, eine Henne kann mal bis zu zwanzig Eier legen und ausbrüten. Und auch eine Zuchtsau kann bis zu zwanzig Ferkel auf einmal werfen. Das sind aber schon Spitzenwerte. Normalerweise beschränkt sich die Zahl der Nachkommen eines Warmblüters bei jedem Zeugungs- und Geburtsvorgang auf etwa fünf Exemplare. Das ist etwas ganz anderes als bei den Kaltblütern. Ein Lachs- oder Störweibchen legt auf einmal bis zu einer Million Eier – sonst gäbe es keinen Kaviar. Bei dieser Riesenzahl kann es sich ein Kaltblüter glatt leisten, seine Nachkommenschaft selbst als kleine Larven dem grausamen Schicksal in einer feindlichen Umwelt zu überlassen. Nach der Wahrscheinlichkeit bleiben noch genügend übrig, um den Fortbestand der Tiergattung sicherzustellen.

Bei den Warmblütern ist das ganz anders. Die Nachkommen sind so gering an Zahl, daß die Eltern – vor allem die Mutter – für sie sorgen müssen. Die Fortentwicklung und der Fortbestand der Warmblüter wäre also ohne eine neue Entwicklungserscheinung unmöglich gewesen: die Erfindung der Mutterliebe, die Fürsorge für die Nachkommen. Jetzt wird es schon fast menschlich. Wir bewundern die Aufopferungsbereitschaft jedes Singvogels, der sein Nest baut und dort seine drei bis sechs Eier legt. Dafür muß nun dauernd gesorgt werden. Die kleinen heranwachsenden Warmblüterembryonen im Ei müssen ständig warm gehalten werden. Deswegen sitzt die Vogelmutter, gelegentlich vom Vogelvater abgelöst, immerzu auf den Eiern und »brütet« sie aus. Schlüpfen die Jungen, dann geht es erst richtig los mit der mütterlichen Fürsorge. Jetzt

Eines der ersten Säugetiere (vor etwa 70 Millionen Jahren), etwa so groß wie eine Ratte. Diese Tierart überfiel Nester mit Sauriereiern, die von den Sauriereltern nicht bewacht wurden.

müssen die Kleinen laufend ernährt werden. Und da leisten unsere Vogeleltern bei jeder Brut Erstaunliches. Es sind ja nur so wenige Nachkommen; sie müssen pausenlos gehegt und gepflegt werden. Bei den Säugetieren ist das nicht viel anders: Es ist rührend, wie eine Katzenmutter für ihre Kleinen sorgt. Das finden wir so verständnisvoll und lieb, weil es uns Menschen ja genauso geht. Ohne die Erfindung der Mutterliebe wären die Warmblüter schon längst ausgestorben. Sie können es sich nicht leisten, ihre wenigen und deshalb kostbaren Nachkommen dem Schicksal schutzlos zu überlassen.

Diese Einzelkinder sind in der Fortpflanzungsmathematik eine Kostbarkeit. Ohne die Fürsorge der Mutter, der Eltern, hätten sie wohl keine Überlebenschance. Ihr Gehirn ist bei der Geburt noch nicht ausgewachsen. Ohne die Mutterliebe wäre der Mensch schon längst nicht mehr vorhanden.

Sodann wird auch die Entwicklungszeit immer länger, je weiter sich die Warmblüter entwickeln. Ein Menschenkind muß versorgt werden, bis es 16 oder 18 Jahre alt ist, und wenn es dann noch studieren soll, liegt es den Eltern bis zu seinem 25. Lebensjahr oder noch länger auf der Tasche. Das ist der große Unterschied zwischen den Warm- und Kaltblütern. Die Warmblüter, also auch wir Menschen, haben eine völlig andere Fortpflanzungspolitik, die uns die Natur aufgezwungen hat. Damit müssen wir fertig werden.

Auch noch ein zweites Scherflein mußten die Warmblüter als Entgelt für ihr hochentwickeltes Nervensystem entrichten. In dem nun Folgenden soll ein kleiner Kunstfehler der Natur angesprochen werden. Die Temperatur um 37° herum, welche für die Hochfunktion des Nervensystems Bedingung ist, erscheint für die Erbsubstanz ein wenig zu hoch. Die äußerst komplizierten Moleküle in den Fortpflanzungszellen, die Erbsubstanz (genannt mit einem chemischen Zungenbrecher Desoxyribonukleinsäure, kurz DNS) ist nämlich temperaturempfindlich. Bei höheren Temperaturen werden diese Moleküle dauernd durchgeschüttelt, so daß sie im Verlauf der molekularen Temperaturbewegung gelegentlich auseinanderbrechen und sich nicht immer wieder selbst reparieren können. Dadurch entstehen bei den Nachkommen Mutationen, die sich zum Teil als Mißbildungen äußern. Für Mißbildungen ist die etwas zu hohe Körpertemperatur hauptsächlich verantwortlich und übertrifft die Einwirkung von Giften oder normalen Strahlendosen aus der Umwelt. So sind z. B. die Kinder von Frauen im Alter von vierzig Jahren zehnmal häufiger Mißgeburten als die zwanzigjähriger Mütter. Das liegt daran, daß die Zellen der Erbsubstanz in ihrer Urform einer Frau schon bei der Geburt mitgegeben werden. Jedes neugeborene Mädchen hat bereits in seinen noch nicht voll entwickelten Geschlechtsorganen etwa drei- bis vierhundert Oozyten, aus denen sich später bei der Reife Eizellen entwickeln, die dann im Monatsrhythmus zur Befruchtung angeboten werden. Die Erbsubstanzen im Körper einer Frau sind daher laufend einer Temperatur von 37° ausgesetzt und erfahren dadurch während dieser langen Zeit eine Reihe von unvermeidbaren Schädigungen. Das ist der Kunstfehler, von dem wir oben sprachen.

Säugetiere, Vögel und auch der Mensch kennen die Mutterliebe, mit der sie ihre Nachkommen umsorgen.

Bei den Männern wurde da etwas Vorsorge getroffen. Die Samen-
zellen des Mannes entstehen laufend neu in den Hoden, die sich
vorsorglicherweise außerhalb des Körpers befinden. Sie haben
sogar Kühlrippen, um die Temperatur ein paar Grade niedriger zu
halten als 37°. Ohne zu wissen, wie klug sie handeln, tragen die
Männer primitiver Völkerstämme ihre Geschlechtsorgane mehr
oder minder frei, um sie dauernd befächeln zu lassen. Die modernen Jeans sind offenbar überhaupt nicht im Sinne des Erfinders.
Die notwendig hohe Körpertemperatur der Warmblüter – zur
Sicherung der besten Wirkung des Nervensystems – ist also Grund
für eine wesentlich gesteigerte Mutationsrate gegenüber den Kaltblütern. Austern und Muscheln existieren schon seit Mitte November, bei einer Temperatur auf dem Meeresgrund von etwa 10°. Bei
dieser Temperatur kann ihrer Erbsubstanz eigentlich gar nichts
passieren. Aus diesem Grund gibt es sie auch heute noch, und sie
werden bestimmt noch ein paar hundert Millionen Jahre weiter
existieren. Demgegenüber haben die Warmblüter eine beschränkte Lebensdauer, weil sie sich einfach aus dem Fortleben
herausmutieren. Die Lebensdauer in diesem Sinne bezieht sich auf
die Art und die Gattung und nicht auf das Individuum. Seit es
Säugetiere und Vögel gibt, hat es – grob geschätzt – vielleicht
hunderttausend Arten und Gattungen gegeben. 80 000 sind dann
bald ausgestorben. Es gibt schon lange keine Säbelzahntiger, keine
Dodos und keine Mammute mehr. An deren Aussterben sind wir
Menschen unschuldig. Die gleichen Gesetze gelten auch für uns
Menschen, denn wir sind ja auch Warmblüter. Auf diesen Punkt
werden wir später noch einmal zurückkommen.
In unserer Kalendergeschichte kommen wir jetzt zum Silvestertag,
dem 31. Dezember. Jetzt wird unsere Story dramatisch. Etwa in den
ersten Vormittagsstunden hat sich eine besonders pfiffige und
kluge Gruppe gebildet, die sogenannten Primaten oder – wie man
am besten sagt – die Affen. Diese haben sich in viele Arten und

a

Ausgestorbene Warmblüter:
a: Mammut (eine eiszeitliche Großelefantenart)

b

b: Dronte (ein taubenähnlicher flugunfähiger Groß-
vogel, der auf der Insel Mauritius lebte und 1618 zum
letzten Mal gesichtet worden war)

Gattungen verzweigt, und etwa vier Stunden vor Mitternacht haben
sich einige Arten mehr und mehr dahin entwickelt, auf zwei Beinen
zu gehen. Sie wollten ihre Vordergliedmaßen von der Aufgabe der
Fortbewegung befreien, abgesehen vom Klettern. Sie wurden
Zweibeiner; aus den Vorderpfoten wurden Hände, mit denen sie
Werkzeuge schufen. Sie entwickelten ihre Sprache, um sich besser
verständigen zu können. Dadurch wurden sie als Jägertrupps zu
ernsthaften Konkurrenten der klassischen Raubtiere, obwohl sie
keine Krallen und Reißzähne besaßen. Stattdessen schufen sie sich
künstliche Jagdwerkzeuge. Dann, etwa um 22 Uhr, lernten sie das
Feuer zu beherrschen, erwärmten und erleuchteten ihre Höhlen.
In diesen Höhlen haben sie in den letzten beiden Stunden auch die
Eiszeiten überstanden, bevor diese drei Minuten vor Mitternacht zu
Ende gingen. In dem nun anbrechenden milden Klima der Zwischeneiszeit haben sie zwei weitere entscheidende Erfindungen

gemacht: Sie entwickelten den Ackerbau und die Viehzucht. In den fruchtbaren Flußtälern des Zweistromlandes, in China und vor allem am Nil bauten sie Häuser, in die sie umzogen. Dann allerdings ging es sehr schnell. 45 Sekunden vor Mitternacht haben sie die Pyramiden erbaut, 14 Sekunden vor Silvester wurde Christus geboren und knapp über eine Sekunde vor Ablauf des Jahres haben sie die Dampfmaschine erfunden, womit die technische Revolution eingeleitet wurde. 0,23 Sekunden davor wurde die Atombombe erfunden. Nun schlägt es Mitternacht, und die letzten drei Minuten sind eigentlich unsere ganze Kulturgeschichte.

Diese Kalendergeschichte rückt unsere Zeitvorstellungen über uns Menschen und die Entwicklung des irdischen Lebens ins richtige Maß. Wir müssen uns damit abfinden, daß wir nur eine ganz kurzfristige Episode sind als Erscheinungsform des Lebens auf unserer Erde. Das geht uns stolzen Menschen schlecht ein – dieses erstaunliche Zeitverhältnis. Diese Geschichte läßt bei uns ein Wundern aufkommen, wieso das Leben auf unserem Planeten so lange ganz ohne uns ausgekommen ist. Und wie wird es nun weitergehen? Wieviele Tage lang wird es uns im neuen Jahr noch geben? Oder sind es vielleicht nur Stunden?

Die Sonnenphysiker sagen uns, daß unsere Sonne noch nicht einmal die Hälfte ihrer Existenz hinter sich hat. Sie hat noch genügend Wasserstoff in ihrem Leib, um nach unserem Kalendermaßstab noch gut ein bis zwei Jahre weiter so schön konstant zu strahlen. Geologen und Geophysiker sagen uns, daß unserem Blauen Planeten – so lange die Sonne so weiterscheint – eigentlich überhaupt nichts passieren kann. Als Ganzes befindet sich die Erde in einem goldenen Gleichgewicht, da die Stoffe im Aufbau der Kontinente und ihrer milden Schalen aus Wasser und Luft einem steten regenerativen Kreislauf unterworfen sind.

Kurzfristige Klimaschwankungen und beschleunigte Veränderungen in der Verteilung von Wasser und Land werden von uns

Die Pyramiden von Gizeh. Nach unserem Zeitmaßstab (s. Text) wurden sie vor 45 Sekunden erbaut.

Menschen oft als Katastrophen angesehen; das erscheint uns aber nur so wegen unserer zeitlichen und räumlichen Froschperspektive. Schwankungen in dem geophysikalischen Gleichgewicht haben dem irdischen Leben als Ganzes noch nie geschadet, wenn ihnen auch einzelne Arten zum Opfer fielen. In Wirklichkeit sind das nur ganz flache Atemzüge unseres Planeten, der in unserem Kalender noch gut ein bis zwei Jahre vor sich hat.

Was wir in diesem Kapitel geschildert haben, sind natürlich nur rein zeitliche Betrachtungen. Über die Gründe, wieso sich das Leben in bestimmten Richtungen, oft auch sprungartig, weiterentwickelt hat und warum es gegen Ende der Zeit so unerhört schnell gelaufen ist, darüber müssen wir in den folgenden Kapiteln sprechen. Dann werden wir noch eine Zukunftsbetrachtung anstellen, wobei wir auch wieder auf unser Kalendermodell zurückkommen werden, d. h. wir wollen dann einige Spekulationen anstellen, wie es wohl im Januar, Februar und März des nächsten Jahres weitergeht.

Nach den Vorstellungen der Expansionstheorie war die Erde vor Beginn der klassischen, geologischen Epochen noch so klein, daß die Fläche der Kontinente sie allseitig lückenlos einhüllte. Da es noch keine Ozeanbecken gab, jedoch schon reichlich Meerwasser, war die Erde allseitig von Pol zu Pol mit Wasser bedeckt. Das war die »phantalassische« Erde – die »Allmeer«-Erde.   ▷

6

Ozeane, Kontinente und Leben – die »panthalassische« Erde

Als wir im vorangegangenen Kapitel unser Kalendermodell für die Erdgeschichte entworfen hatten, kam eine sehr präzise Angabe vor: Das Leben hat am 28. November das Land betreten. Zwei Dinge sind an dieser Feststellung merkwürdig: Zum ersten, daß das so plötzlich und schnell gekommen ist, und dann vor allen Dingen zum zweiten, daß es erst so spät geschah. Auch hatten wir gesehen, daß es im Meer das Leben schon seit Mai und Juni gab, und es liegt nun überhaupt nicht im Wesen des Lebens, daß es eine ihm angebotene Umwelt brach liegen ließe und nicht sehr schnell mit den verschiedensten Formen der Flora und Fauna eroberte. Die Eroberung des Landes ereignete sich vor etwa 400 Millionen Jahren an der Zeitenwende zwischen den geologischen Epochen Silur und Devon. Und diese Eroberung des Landes lief dann sehr schnell ab: Innerhalb von 20 Millionen, maximal 50 Millionen Jahren, war das Land von Pflanzen und Tieren weitestgehend bevölkert. Warum ist das nicht schon früher geschehen?

Das Leben hatte sich im Meer schon so weit entwickelt, daß es ohne weiteres den Sprung auf das Land auch sehr viel früher hätte wagen können, ja es hätte sogar so sein müssen, daß Meer und Land zur gleichen Zeit besiedelt worden wären. Das ist ein ungelöstes Rätsel der Paläontologie, und es ist bisher noch kein triftiger Grund angegeben worden, warum das Leben so lange im Meer gewartet hat, bevor es sich an Land wagte. Achtzig Prozent der Zeit, während der Leben auf der Erde existiert, hat es sich auf das Meer beschränkt. Das Land war völlig steril. Das paßt so gar nicht zum Wesen des Lebens.

Denken wir einmal an die große Verwüstung nach einem Vulkanausbruch. Da wird durch die glühende Lava alles Leben zerstört. Aber schon nach wenigen Jahren, vielleicht nach zehn bis zwanzig Jahren, wird diese Steinwüste, noch völlig steril, von den ersten Pionierpflanzen besiedelt, nämlich von den Flechten. Diese brechen die Steine auf, bilden langsam ein Erdreich, und nach ein-

oder zweihundert Jahren ist diese völlig tote Wüste zu einer
blühenden Landschaft geworden; ja es ist sogar so, daß diese neu
entstandenen vulkanischen Landschaften zu den fruchtbarsten
Böden gehören, die es auf der Welt gibt. An den Abhängen von
Vulkanen wachsen bekanntlich auch die besten Weinsorten.

Welche Gründe waren es denn wohl, welche das Leben so lange
gehindert haben, das Land zu erobern? Dafür gibt es eine einfache
und verblüffend einleuchtende Erklärung, die allerdings auf einer
sehr kühnen, modernen Hypothese über die Geschichte der Erde
fußt. Es ist eine der aufregendsten Spekulationen der letzten
Jahrzehnte: die Hypothese von der Expansion der Erde während
der geologischen Zeiträume. Und die verblüffend einfache Erklärung, weshalb das Leben das Land erst so spät erobert hat, besteht
darin, daß es eben bis vor 400 Millionen, d. h. bis zum 28. November in unserem eben entworfenen Kalender, auf der Erde überhaupt noch kein Land gegeben hat. Die Erde war bis zu jenem
Zeitpunkt vor 400 Millionen Jahren von Pol zu Pol vom Weltmeer
bedeckt. Das war die sogenannte »panthalassische« Erde, d. h. die
Allmeer-Erde. Nur wenige kleine Bergspitzen haben als Inseln
herausgeschaut, und dann erst tauchten die Kontinente auf. Sie
wurden allerdings vom Leben, wie es seine Art ist, sofort in Besitz
genommen.

Schon vor zehn Jahren habe ich diese Hypothese geäußert und sie
in einem allgemein verständlichen Artikel in meiner Zeitschrift
»Bild der Wissenschaft« veröffentlicht (Heft 6, Juni 1977, Seite 88 ff.).
In diesem Artikel steht eigentlich alles drin, und der Ideengehalt
gehört einfach in dieses Buch.

Die Spekulation war schon immer ein wichtiger Teil der Wissenschaft und des Fortschrittes der Erkenntnis. Die antiken Wissenschaftler haben eigentlich nur spekuliert, da sie als Astronomen,
Physiker und Geographen nur selten bündige Beweise führen
konnten – wie sie das von der Mathematik her kannten. Trotzdem

gelang es den Großen unter ihnen – Demokrit, Aristoteles, Aristarch, Eratosthenes und Archimedes –, auch ohne Kenntnis der Gravitation, der Struktur der Materie und des Energiesatzes, tiefe Einblicke in das Wesen der Naturvorgänge zu gewinnen.

Auch zu Beginn unserer modernen Wissenschaft in der Spätrenaissance wurde noch viel spekuliert, wie die Werke von Kopernikus, Galilei, Kepler und Newton zeigen.

Da es im Wesen einer wissenschaftlichen Spekulation liegt, daß man ihre Stichhaltigkeit nicht streng beweisen kann, haben sich diese Wissenschaftler der damaligen Zeit aber auch großartig miteinander gestritten. An Themen, über die man sich damals mangels Beweisen noch heftig zanken konnte, hat es auch nicht gefehlt: die Geographie der Erde, der Aufbau des Planetensystems, die gesamte Alchemie, die Natur des Verbrennungsvorgangs, die geologischen Zeitmaßstäbe und viele andere Themenkreise.

In der zweiten Hälfte des letzten Jahrhunderts schließlich hat man die Naturerscheinungen in den Griff bekommen. In diesen Zeitraum fallen die stürmische Entwicklung der Chemie, die Erkenntnisse über das Wesen des Elektromagnetismus, die Evolutionsideen Darwins, große Fortschritte in der Geologie und Astronomie und vor allem die Entwicklung der theoretischen Physik zu dem rigorosesten Zweig der Naturwissenschaften überhaupt. In jene Zeit fällt auch die Anwendung naturwissenschaftlicher Erkenntnisse in Form der Technik und deren rasante Entwicklung.

Im gleichen Maß, wie die Hypothesen zu streng beweisbaren Theorien heranreiften und sich in der Praxis vielfältig bewährten, kam die wissenschaftliche Spekulation in den Augen der Fachwissenschaftler immer mehr in Verruf. Jeder nicht streng beweisbare Gedanke und jede aus dem Rahmen des damaligen Wissens herausfallende Vorstellung waren als »unwissenschaftlich« suspekt. Ein überaus strenger Kodex, wie man wissenschaftlich zu denken und zu forschen hätte, wurde zum ungeschriebenen

Gesetz. Erst als die Relativitätstheorie und die Quantenmechanik Anfang dieses Jahrhunderts die Fundamente der klassischen Wissenschaft in ein völlig neues Licht rückten, wagte man es wieder, zu spekulieren.

Während der letzten 40 Jahre schließlich ist die wissenschaftliche Spekulation wieder richtig Mode geworden. Es gibt eine ganze Reihe von Pionieren auf dem Gebiet dieser wissenschaftlichen Denkweise, unter ihnen die Amerikaner Isaac Asimov, Carl Sagan, Harold Urey und George Gamow, der Schwede Hannes Alfvén, der Engländer Fred Hoyle und der Deutsche Pascual Jordan; sie haben sich mit ihren Ideen auch in die wissenschaftliche Literatur vorgewagt, obwohl so etwas auch heute noch bei manchem ein wenig verpönt ist.

Umgekehrt sind die Produkte aus den Federn dieser spekulierenden Wissenschaftler aber auch immer überaus spannend und phantasieanregend. Mit unbewiesenen, ja sogar unbeweisbaren Hypothesen wagte man sich an die Deutung fundamentaler Probleme, so wie etwa die Grenzen und Entwicklungsgeschichte des Universums, die Entstehung des Planetensystems und damit auch der Erde, die kosmische Existenz der Antimaterie, das Leben auf fremden Planeten und den Ursprung des Lebens überhaupt.

Diese Hypothesen hängen vielleicht nicht so sehr in der Luft, wie man zu glauben geneigt ist. Teilweise sind sie experimentell nachvollziehbar oder auch mit den verläßlichen Mitteln der theoretischen Physik zu untermauern. Um zu betonen, daß es sich hier nur um mehr oder weniger grobe Abbilder der Wirklichkeit handelt, spricht man bescheiden von Modellen.

Ein klassisches Beispiel für die moderne wissenschaftliche Spekulation war der Beginn der Weltraummedizin im Jahre 1947: Da die Eroberung des Weltalls durch den Menschen damals schon vor der Tür stand, mußte man sich mit der Frage beschäftigen, ob der Mensch überhaupt raumtüchtig sei. Da konnte man nur spekulieren, und deshalb mußten die Pioniere der Weltraummedizin von ihren auf dem verläßlichen Boden der Tatsachen verbliebenen Kollegen manche Rüge einstecken. Da man die Weltraumbedingungen im Labor nur angenähert simulieren konnte, mußten bemannte Raumschiffe und Mondanzüge notgedrungen auf »Spekulation« gebaut werden und funktionieren.

Eine der aufregendsten Spekulationen der letzten Jahrzehnte ist die Hypothese von der Expansion der Erde während der geologischen Epochen. Diese Hypothese geht zurück auf eine Erkenntnis des englischen Nobelpreisträgers Dirac in den dreißiger Jahren. Er fand, daß die Gleichungen der Relativitätstheorie die Möglichkeit zulassen, daß sich die Gravitationskonstante – d. h. das Maß für die Anziehungskraft zwischen den einzelnen Teilchen der Materie im Weltall – seit Beginn des Universums langsam vermindert.

Diese Abnahme ist zwar außerordentlich klein. Ist man jedoch gewillt, Dirac zuzustimmen, so ergibt sich daraus für die Entwicklungsgeschichte des Universums – vor allem aber auch der Erde – eine Fülle von überaus interessanten und völlig neuen Konsequenzen. Wenn sich nämlich die Anziehungskraft der Materie während geologischer Zeiträume merklich verringert hat, dann muß der Erdkörper sich durch die langsam fortschreitende Entlastung seines Materials ebenso langsam ausgedehnt haben.

Vielfach war diese Entlastung auch der Anstoß zu Phasenänderungen der Stoffe im Erdinnern, die mit erheblichen Volumenvergrößerungen verbunden sein konnten. Eine Reihe von phantasievollen Forschern hat daraus die Konsequenzen für die geologische Entwicklung unseres Planeten gezogen, darunter vor allem die Amerikaner Dicke, Egyed und Heezen, der Australier Carey und die Deutschen Ott C. Hilgenberg und Pascual Jordan. Die Folgerungen aus diesen Überlegungen für die geologische Vergangenheit unserer Erde allerdings sind so einschneidend, daß sich nur wenige Fachwissenschaftler der klassischen Geologie mit dieser Spekula-

a: Erster Entwurf eines Weltraum-
anzuges (hier freilich als Zeichnung) aus dem Jahre 1951

b: Weltraumanzug in der Praxis,
wie er von den ersten Astronauten
auf dem Mond getragen worden
ist.

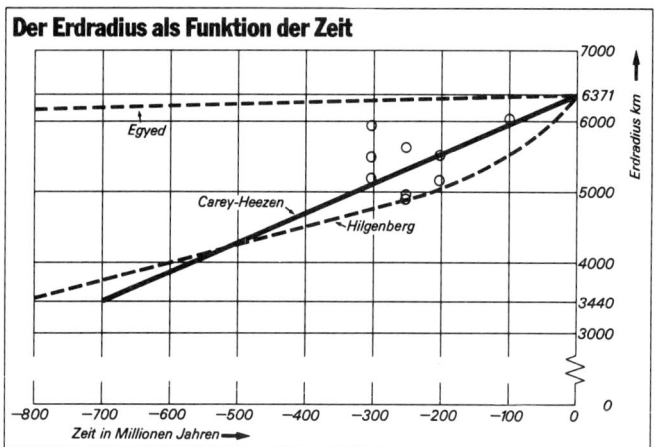

Der Erdradius als Funktion der Zeit

Erdradius km

7000
6371
6000
5000
4000
3440
3000
0

Egyed

Carey-Heezen

Hilgenberg

-800 -700 -600 -500 -400 -300 -200 -100 0

Zeit in Millionen Jahren

Wachstumsrate des Erdradius während der letzten 700 bis 800 Millionen Jahre nach Vorstellungen verschiedener Autoren. Bei einem Radius von 3440 km war die Erdoberfläche so klein, daß die Gesamtfläche der Kontinentalschollen sie vollständig überdecken konnte. Der Wachstumsrate von 4,2 mm pro Jahr nach

S.W. Carey und B.C. Heezen – auch für die Rechnungen hier benutzt – wird heute der höchste Wahrscheinlichkeitsgrad zugebilligt. O = Einzelbestimmungen zeigen die noch bestehenden Unsicherheiten (nach P. Jordan: The Expanding Earth).

tion befreunden konnten. Diese Folgerungen betreffen nämlich viele liebgewordene Vorstellungen. Insbesondere Jordan hat sich in den 60er und 70er Jahren eingehend mit der Expansion der Erde beschäftigt.

Sie ist als Hypothese schon deswegen überaus bemerkenswert, weil sie zwei morphologische Erscheinungen unseres Planeten verständlich macht. Von der klassischen Geologie wurden diese beiden Erscheinungen als gegeben hingenommen, und man hat die Frage nach ihrem Ursprung gar nicht erst gestellt, obwohl sie tief in der Entwicklungsgeschichte unserer Erde verankert sein müssen. Es handelt sich dabei einmal um eine sehr ausgefallene Verteilung der verschiedenen Höhenniveaus der Erdkruste (auf die Alfred Wegener als erster hingewiesen hat), und zum anderen um die Tatsache, daß die großen Kontinentalblöcke, die sich in ihrem

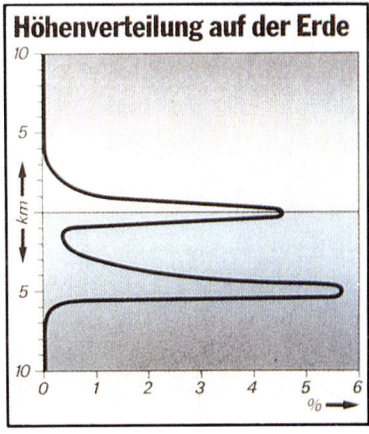

Verteilung der prozentualen Häufigkeit, mit der die verschiedenen Niveaus auf unserer Erde auftreten; auffallend sind zwei deutliche Maxima: das Meeresniveau und die Tiefe von 5000 m unter dem Meer. Sie lassen sich nur mit der Expansionstheorie befriedigend erklären.

strukturellen und chemischen Aufbau deutlich von den Meeresböden unterscheiden, nur 29 Prozent der Erdoberfläche bedecken. Es gibt keine geologischen Kräfte – wie etwa Gebirgsbildung, Vulkanismus, Sedimentation oder langfristiges Aufsteigen und Absinken verschiedener Teile der Erdkruste –, welche diese auffallende Morphologie zustande gebracht haben könnten.

Umgekehrt hat die Hypothese von der Expansion der Erde die von uns heute vorgefundene Grundstruktur der Erdkruste als eine notwendige Konsequenz. Beginnen wir mit der Verteilung von Wasser und Land im Verhältnis von 71 zu 29 Prozent: Das heutige Land besteht aus den überaus stabilen, recht dicken Kontinentalblöcken, die, in der Hauptsache aus leichteren Graniten bestehend, in dem plastischen Material des Erdmantels gewissermaßen schwimmen. Diese Kontinentalblöcke sind so alt wie die Erde selbst; sie stammen aus den Uranfängen der Erdentwicklung. Dabei müssen diese leichteren Stoffe über die Jahrmillionen hinweg aus dem schweren Material des Erdinnern ausgeschieden worden und

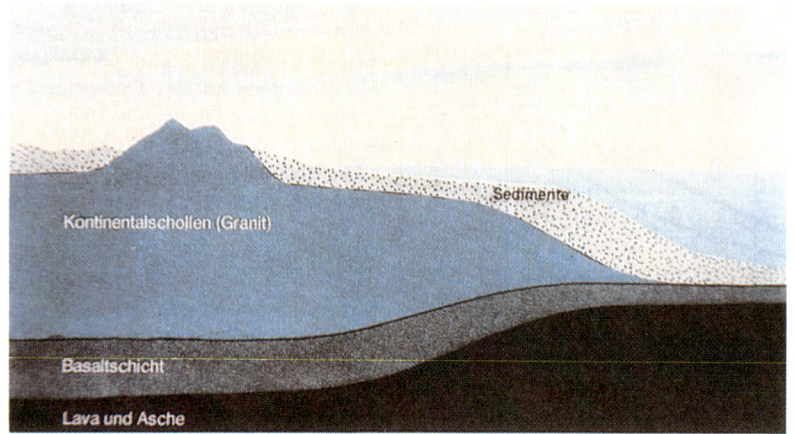

Schematischer Querschnitt durch die oberste Schicht der Erde – die Kruste. Die aus Granit bestehenden leichteren Kontinentalschollen »schwimmen« wie Schiffe mit einem entsprechenden Tiefgang in dem schweren plastischen Material des oberen Erdman-tels. Unter dem Meeresboden ist die schwerere Basaltschicht am dünnsten. Feine Ablagerungen (Sedimente) bilden den Meeresboden und erzeugten auch die von einer Flachsee bedeckten kontinentalen Schelfe.

an die Oberfläche gelangt sein, ähnlich wie die Schlacken in einem Hochofen oder die Fettschicht auf einer erkalteten Brühe.

Die klassische Geologie hat sich eigentlich nie so richtig darüber gewundert, daß diese Schlacke nur 29 Prozent der Eroberfläche bedeckt, während die restlichen 71 Prozent aus den wesentlich dünneren Böden der Ozeane bestehen. Von diesem leichteren Kontinentalmaterial war eben nicht mehr vorhanden – so sagte man –, und es reichte nur zu einer relativ geringen Bedeckung der Erdoberfläche. Das ist eine unschöne Situation, und man fragt sich, weshalb diese Schlacke dann eben mit einer etwas geringeren Mächtigkeit nicht die ganze Erde eingehüllt hat.

Es ist nun sehr verlockend anzunehmen, daß der Durchmesser der Erde in jener grauen Vorzeit der Erdgeschichte etwa halb so groß

Drei Phasen in der Expansion der Erde, die etwa während der letzten Milliarden Jahre abgelaufen sind. Zu Beginn war die Erde noch so klein, daß die Kontinente sie voll einhüllen konnten. In der letzten Phase haben wir den heutigen Zustand, nachdem die Kontinente auseinandergebrochen und dazwischen die Meeresbecken entstanden sind.

wie heute gewesen sei, so daß die heutigen Kontinente sie allseitig bedecken konnten. Mit der langsam fortschreitenden Expansion der Erde ist dieser globale Urkontinent dann an verschiedenen Stellen auseinandergebrochen; die Teile trieben auseinander, und die Meeresböden wurden langsam gestreckt und dabei – wie ein Strudelteig unter den Fingern der Hausfrau – immer dünner. Schließlich entstand die Morphologie der heutigen Erde mit den ·Kontinenten, welche nur mehr 29 Prozent der Erdoberfläche umfassen. Gleichzeitig ist auch die typische Höhenverteilung der Erdkruste entstanden.

Aus dieser Vorstellung allerdings folgt unweigerlich, daß die Kontinentalschollen wesentlich älter sein müssen als die Böden der Ozeane. Das ist auch wirklich der Fall: Die jüngsten Altersbestimmungen haben ergeben, daß die Böden der Ozeane zehn- bis zwanzigmal jünger sind als die Kontinentalblöcke. Mit den Entwicklungsvorstellungen der klassischen Geologie tut man sich recht schwer, diese Tatsachen zu deuten.

Es soll hier nicht näher darauf eingegangen werden, mit welchem Scharfsinn Pascual Jordan mit seinem umfassenden Wissen die Hypothese von der Expansion der Erde so untermauert hat, daß man sie bei jedem Entwurf über die Vergangenheit unserer Erde nicht mehr fortlassen kann.

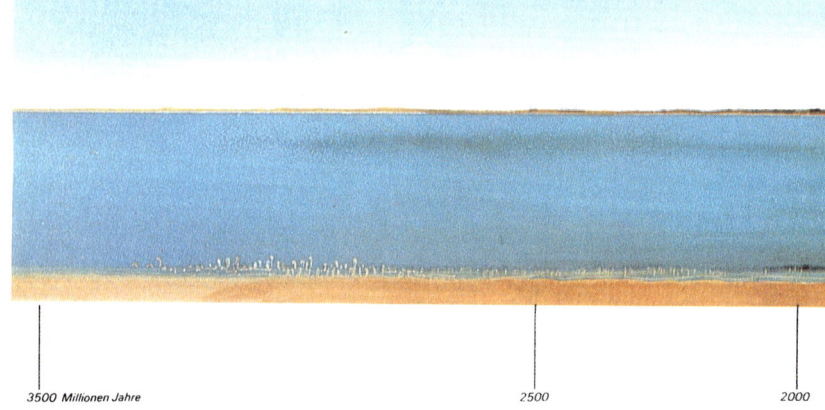

3500 Millionen Jahre   *2500*   *2000*

Im folgenden soll nun gezeigt werden, daß auch die eingangs besprochene auffallende Erscheinung in der Entwicklungsgeschichte des irdischen Lebens durch die Hypothese von der Expansion der Erde eine überraschend einleuchtende Deutung erfahren kann: die Eroberung des Landes durch die Flora und Fauna, die sich während der erstaunlich kurzen Zeit von höchstens 50 Millionen Jahren an der Wende vom Silur zum Devon ereignet hat. Dieser Eroberung des Landes durch das Leben ging eine Entwicklung von pflanzlichen und tierischen Lebensformen voraus, die mehr als zwei Milliarden Jahre gedauert hat. Nach der Eroberung des Landes durch das Leben hat es sich dort explosionsartig entwickelt und kam bereits in der Steinkohlenzeit (Karbon) zur Hochblüte. Diese Tatsache ist in der Paläontologie schon lange bekannt; es scheint jedoch, daß man sich darüber nie so richtig wunderte, ebenso wie man in der Geologie die Morphologie der Erdkruste fraglos hinnahm.

Die zeitliche Entwicklung des Lebens nach den klassischen Vorstellungen der Paläontologie seit dem Beginn des Lebens vor rund 2,5 Milliarden Jahren

Wenn man die Expansion der Erde akzeptiert, läßt sich jedoch zeigen, daß das Land einfach deshalb erst vor etwa 400 Millionen Jahren vom Leben erobert werden konnte, weil es davor überhaupt kein Land gab. Läßt man den Film der Erdgeschichte rückwärts laufen, dann hat man eine schrumpfende Erde vor sich. Ihre Oberfläche wird kleiner, das Weltmeer beginnt »überzulaufen«,

und irgendwann einmal muß die ganze Erde von Pol zu Pol mit
Wasser bedeckt gewesen sein: Nun haben wir die sogenannte
»Allmeer-Erde« vor uns, die hier mit dem griechischen Wort als
»panthalassische« Erde bezeichnet werden soll.

Um diese Vorstellung in einen zeitlichen Maßstab hineinzubringen,
benötigen wir freilich zwei wichtige Angaben. Zunächst einmal
müssen wir die Expansionsrate der Erde während der geologischen Zeitläufe kennen. Es ist hier nicht der Platz, eine Begründung
für dieses Maß zu geben – hierzu sei der Leser auf die einschlägige
Literatur, vor allem von Pascual Jordan, verwiesen. Den folgenden
Rechnungen liegt die Annahme von Carey und Heezen zugrunde,
daß sich der Erdradius pro Jahr um 4 mm vergrößert. Dieses
scheinbar so geringe Maß ergibt immerhin einen Betrag von etwa
400 km alle hundert Millionen Jahre.

Sodann müssen wir wissen, ob die Masse des Wassers aller
Weltmeere während der letzten rund eine Milliarde Jahre gleich
geblieben ist. Über den Ursprung des Meeres gibt es eine Reihe von
Hypothesen, von denen der Vulkanismus als Quelle des Meerwassers am verlockendsten ist. Diese Überlegungen führen zu dem
Schluß, daß die Masse des Weltmeers alle 100 Millionen Jahre um
etwa 2,5 Prozent zunimmt.

Diese beiden Angaben reichen aus, um die Höhe des Meeresspiegels und seine Änderung während der geologischen Epochen zu
berechnen. Es dreht sich dabei um erhebliche Veränderungen, bei
denen die vergleichsweise unbedeutenden säkularen Schwankungen in der Höhe des Meeresspiegels – verursacht·etwa durch das
Abschmelzen oder die Bildung eiszeitlicher Gletscher und durch
geringfügige Anhebungen und Senkungen der Kontinentalschollen – unberücksichtigt bleiben.

Bevor wir jedoch zu den Ergebnissen solcher Rechnungen kommen, soll aus der Wegenerschen Kurve der Höhenverteilung ein
vereinfachtes Kastenmodell hergestellt werden, bei dem die mitt-

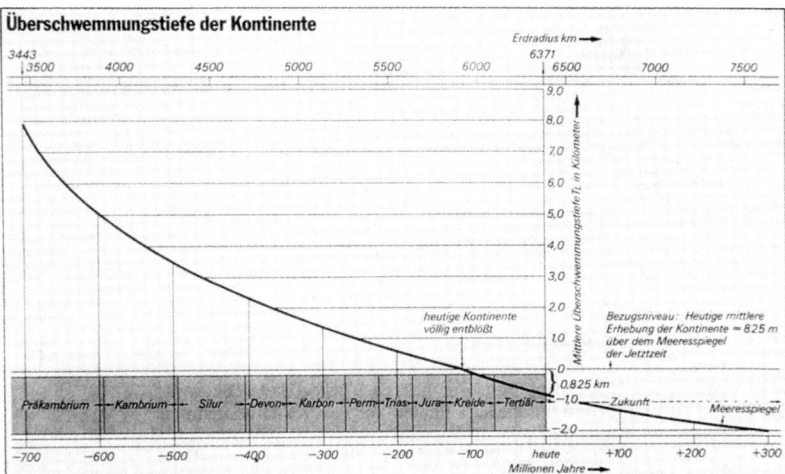

Überschwemmungstiefe der Kontinente

Abnahme des Niveaus des Meeresspiegels (fett durchgezogene Kurve) und der mittleren Überschwemmungstiefe T_L in km (waagrechte Niveaulinien) während der geologischen Epochen.
Waagrechte Skalen: Zeit in Millionen Jahren; Erdradius in km. Vor rund 110 Millionen Jahren waren die Kontinente völlig entblößt; heute ragen sie mit ihrer mittleren Erhebung von 825 m über den jetzigen Meeresspiegel heraus; etwa 300 Millionen Jahre später wird die mittlere Erhebung der Kontinente 2000 m über dem Meeresspiegel betragen.

lere Tiefe der Ozeantröge gegen die mittlere Erhebung der Kontinente über den heutigen Meeresspiegel schematisch abgesetzt ist. Sodann wollen wir unter der Größe der Ozeane jene Fläche verstehen, welche die Ozeantröge umfassen; unter Kontinenten verstehen wir die Fläche der Kontinentalschollen einschließlich der vorgelagerten Schelfe, wie wir sie heute beobachten.

Diese Flächenaufteilung würde auch bestehen, wenn die Erde überhaupt kein Wasser hätte, da sie allein durch die Morphologie der Erdkruste bestimmt ist. Dagegen verstehen wir unter der jeweiligen Größe des »Meeres« die vom Wasser bedeckten Teile der Erdoberfläche und unter »Land« die aus dem Wasser herausragenden Teile der Kontinentalschollen. Auch benötigen wir zur Berechnung eine Reihe von geologischen und geographischen Meßdaten, die in der folgenden Übersicht zusammengestellt sind:

Radius der flächengleichen Erdkugel	$6,371 \times 10^3$ km
Oberfläche der Erde	$5,101 \times 10^8$ km²
Fläche des Weltmeeres	$3,612 \times 10^8$ km²
Fläche des Landes	$1,489 \times 10^8$ km²
Verhältnis Meer : Land	$70,81 : 29,19$ %
Mittlere Meerestiefe	$3,795$ km
Mittlere Erhebung der Kontinente über NN	825 m
Volumen des Meerwassers	$1,370 \times 10^8$ km³
Volumen des heute entblößten Landes	$1,229 \times 10^8$ km³
Expansion des Erdradius	420 km/10^8 Jahre
Zunahme des Meerwasser-Volumens	$3,4 \times 10^7$ km³ pro 10^8 Jahre
Radius der Erde mit kontinentgleicher Oberfläche	$3,443 \times 10^3$ km
Mittlere Meerestiefe der panthalassischen Erde	$7,6$ km

Einige zahlenmäßige Angaben über physikalische und geographische Eigenschaften der Erdkugel

Unter diesen Voraussetzungen kann man eine einfache mathematische Formel zusammenstellen, welche die Höhe des Meeresspiegels über den Kontinentalschollen während der geologischen Epochen berechnen läßt. Dabei ist der Einfachheit halber angenommen, daß die Kontinentalschollen, wenn man sie kastenförmig einebnet, eine Mächtigkeit von durchschnittlich 825 m über dem heutigen Meeresspiegel aufweisen. Die Grafik gibt nun die mittlere Wasserhöhe über diesen simulierten Kontinentalschollen während der Vergangenheit wieder.

Diese grob vereinfachte Darstellung gibt uns freilich noch keinen Hinweis dafür, wann das Land vom fallenden Meeresspiegel langsam entblößt wurde, sich immer mehr ausgebreitet und sich dem Leben als Wohnstätte angeboten hat. Dazu müssen wir die Kurve noch mit einer mutmaßlichen Höhenverteilung der Kontinente, welche Tiefebenen, Mittelgebirge, Hochebenen und Hochgebirge in etwa angibt, verknüpfen. Leider gibt es für die durchschnittliche Höhenverteilung der Kontinente während der geologischen Epochen keine sicheren Angaben. Wir wissen lediglich, daß sich während der letzten eineinhalb Milliarden Jahre eine ganze Reihe von Gebirgsbildungen ereignet hat, unterbrochen von langen Perioden, in denen die Kontinente wesentlich flacher waren.

Obwohl wir Grund zu der Annahme haben, daß die heute von uns meßbare Höhenverteilung ziemlich extrem ist, werden wir sie für die folgenden Rechnungen benutzen. Denn wir wollen jetzt zu den wichtigen Resultaten kommen, wie sich die Landfläche, mit dem panthalassischen Zustand beginnend, bis zum heutigen Zustand vergrößert hat. Glücklicherweise umfassen die Flächen der Erhebungen über 3000 m nur etwa 13,5 Prozent. Daher haben selbst stärkere Schwankungen in der geologischen Höhenverteilung im Laufe der Entwicklung der Kontinente einen relativ kleinen Einfluß auf die Fläche des entblößten Landes.

Das für unsere Hypothese entscheidende Resultat zeigt die Grafik »Das Land steigt aus dem Meer«, welche die Prozentsätze des jeweils entblößten Landes während der geologischen Epochen zeigt. Denn aus der Kurve kann man ablesen, daß just vor rund 400 Millionen Jahren, als das Leben an Land ging, zum ersten Mal namhafte Teile des Landes – nämlich zwischen 10 und 20 Prozent – aus dem Meer auftauchten. Die Landfläche nahm damals schon

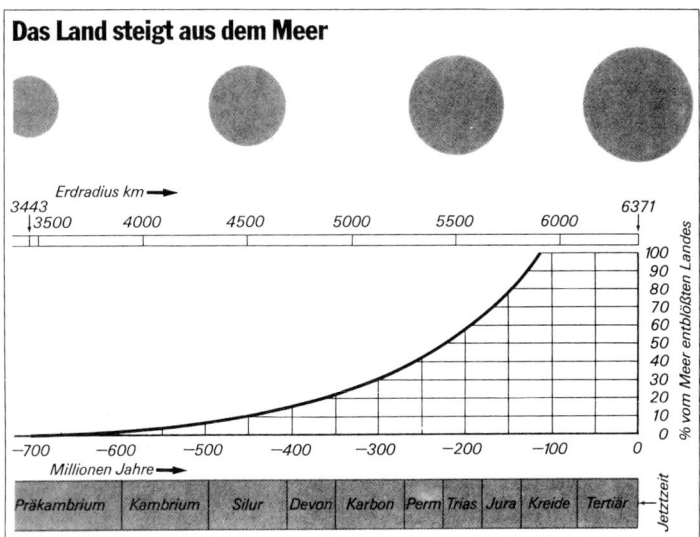

Das Land steigt aus dem Meer

Zunahme der vom Wasser entblößten Landflächen (in Prozenten der heutigen, trockenen Kontinentalflächen) im Verlauf der geologischen Epochen. Waagrechte Skalen: Zeit in Millionen Jahren; Erdradius in km nebst schematischen Zeichnungen der expandierenden Erde. Während der kritischen Zeit der Eroberung des Landes durch das Leben (Zeitenwende Silur/Devon) waren die Kontinente zu etwa 15 % entblößt.

relativ schnell zu, so daß das Leben von dieser ihr erstmalig angebotenen Umwelt innerhalb erstaunlich kurzer Zeit Besitz ergriff. Mit dem weiteren Anwachsen des Landes verbreitete sich das Landleben stürmisch von der Mitte des Devons und von der Steinkohlenzeit bis zum heutigen Tag.

Bevor wir die einschneidenden Änderungen in der Entwicklung des Lebens vor und nach diesem kritischen Zeitpunkt, als das Land auftauchte, betrachten, müssen wir uns noch etwas mit der Geologie des Kambriums und des Präkambriums beschäftigen. Diese ganze geologische Entwicklung müßte nämlich nach den dargelegten Vorstellungen untermeerisch abgelaufen sein. Bei der Veränderung des Profils der untermeerischen Kontinente der panthalassischen Erde gab es daher natürlich nicht die klassischen Kräfte der Verwitterung, Regen, Wind, reißendes Wasser und Eis. Nun hat man sich allerdings die Struktur der heutigen unterseeischen Gebirge als sehr glatt und abgerundet vorgestellt, überhaupt nicht vergleichbar der überaus ziselierten Struktur unserer heutigen Hoch- und Mittelgebirge.

Erst in den letzten Jahren angestellte Feinuntersuchungen der unterseeischen Gebirge und vor allem der Kontinentalabbrüche in der Tiefsee haben auch dort sehr wilde Strukturen gezeigt. Man hat tief eingeschnittene Canyons und stellenweise senkrechte Abstürze entdeckt. Man vermutet, daß gewaltige Schlammlawinen im Lauf der Jahrmillionen auch diese unterseeischen Gebirge zernagen und abtragen konnten. Auch hat man festgestellt, daß die präkambrischen Teile der Kontinente sehr arm an anorganischen Sedimenten sind, die ja von feinen Staubmassen, von Flüssen in das Meer hinausgetragen, stammen müssen.

Auch gibt es in den präkambrischen Schichten fast keine Sandsteine, da es damals ja nur wenig Sand gegeben haben kann. Sand entsteht in der Masse durch das Zerreiben von Steinen in der Brandung oder durch die Wirkung des Windes in Wüstengebieten. Man hat zwar typische Vereisungs-»Rillen« gefunden, erzeugt durch von Gletschern vorangetriebenes Geschiebe. Nun, auch schon im Präkambrium und Kambrium können kurzzeitig die höchsten Spitzen von Hochgebirgen aus dem Wasser herausgeragt haben, wo sich dann innerhalb von wenigen Jahrtausenden kurzlebige Gletscher gebildet haben können.

Damit sind natürlich nicht alle Einwände gegen eine untermeerische präkambrische Geologie beiseitegeräumt. Diese ·Probleme bedürfen noch dringend der Erörterung. Sehr viel einleuchtender dagegen ist die Entwicklung der Lebewesen vor und nach der

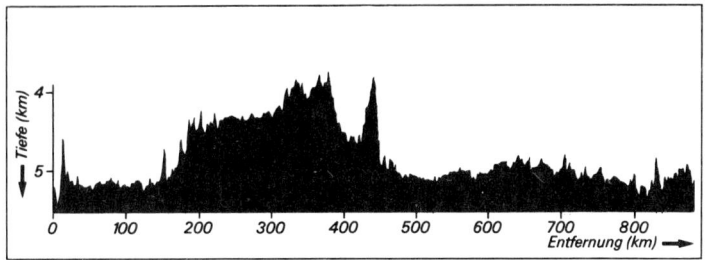

Der Mittelatlantische Gebirgsrücken. Querschnitt nach Echolot-Messungen

Eroberung des Landes, die man mit »Darwinschen« Augen betrachten muß. Es ist nämlich typisch für das Leben, daß eine stürmische Fortentwicklung einsetzt, sobald neue Umwelten zur Verfügung gestellt werden.

Während der panthalassischen Phase haben wir bereits eine sehr hohe Entwicklung der maritimen Flora und Fauna. Die ältesten Lebewesen, und zwar primitive Algen, gehen auf eine Zeit vor etwa zweieinhalb Milliarden Jahren zurück. Bereits das präkambrische Meer wimmelte von zahlreichen Pflanzen- und Tierarten, da schon vor etwa einer Milliarde Jahren vielzellige Lebewesen auftraten. Es gab damals bereits Schwämme und Seerosen, Stachelhäuter und Würmer, Schnecken und Muscheln, Gliederfüßer wie die überaus artenreichen Trilobiten bis zu schon hochentwickelten Krebsen und Seeskorpionen. Sogar urtümliche Wirbeltiere entstanden in der damaligen Zeit, als das Land nach der klassischen Vorstellung noch völlig steril war.

Als es dann nach unserer Vorstellung auftauchte, wurde es auch sofort von den ersten Landpflanzen, von Algen abstammenden Gefäßpflanzen wie Bärlappgewächsen und Nachtfarnen, besiedelt. Die erste Landfauna folgte sehr schnell mit Insekten und den aus den Fischen sich entwickelnden Amphibien.

Bestechend an diesen Überlegungen im Gegensatz zu den klassischen Vorstellungen ist, daß diese Landeroberung den heute als sicher erkannten Gesetzen der Darwinschen Entwicklung entspricht. Es erscheint nämlich als unwahrscheinlich, daß das Leben ein etwa schon zur Verfügung stehendes Land mehr als eine Milliarde Jahre nicht genutzt und als Lebensraum nicht schon längst erobert hätte. Nach der klassischen Vorstellung muß es doch immer schon durch die Brandung und durch abgeschnittene Meersteile, durch Stromdeltas und Haffs eine enge Verbindung zwischen Land und Meer gegeben haben, so daß während der ganzen Zeit der Entwicklung des Lebens die Chance geboten war, das Land zu erobern.

Auch ist bezeichnend, daß trotz der reichen Salzwasserfauna und -flora keine Versteinerungen von Süßwasserarten aus dem Kambrium existieren. Besonders interessant ist in diesem Zusammenhang die Entwicklung der riffbildenden Korallen, einer reichen Fauna von Flachwassertieren und der Fische, die erst im späten Silur einsetzte und zur schnellen Blüte heranreifte. Das ist nach unserer Vorstellung gerade jene Epoche, in der namhafte Teile des Landes auftauchten.

Die riffbildenden Korallen zählen zu den Hohltieren, deren ältere Verwandte als Boden- und Runzelkorallen mehrere hundert Millionen Jahre älter sind. Die riffbildenden Korallen benötigen sehr flaches Wasser, da ihr hoher Sauerstoffbedarf nur durch eine dauernde kräftige Brandung gedeckt werden kann. Typische Flachwassertiere drangen damals in relativ kurzer Zeit in Brack- und Süßwasserbereiche vor. Diese Tierarten und die Korallen konnten natürlich erst dann entstehen, als diese Lebensräume auftauchten, und nicht etwa schon mehrere hundert Millionen Jahre früher.

Auch für die Entwicklung der Fische als Wassertiere ist das Auftauchen des Landes von großem Einfluß gewesen. Grundsätzlich benötigten die Bewohner der panthalassischen Erde keine ausge-

Eine typische Koralleninsel mit weißem Strand und dem unterseeischen Korallenriff, das die Insel umringt.

Die riffbildenden Korallen können nur in dem sauerstoffreichen Wasser der Brandung gedeihen.

prägten Werkzeuge zur Fortbewegung im Wasser, da die Lebensverhältnisse ja überall dieselben waren und in der Ruhe des Meeres keine schnellen Wasserströmungen vorherrschten. Deshalb waren all diese alten Tiere entweder seßhaft wie die Schwämme, die Seerosen, die Muscheln und selbst die Trilobiten und die Armfüßer, oder sie ließen sich treiben wie das Plankton und die Quallen. Auch die urtümlichen Panzerfische waren recht träge Wesen.

Erst als mit dem aufsteigenden Land Flußdeltas entstanden, gab es in den Haffs und breiteren Flußmündungen stärkere Wasserströmungen. Nun mußten die Knochenfische ein biegsames Rückgrat entwickeln, um sich mit der damals erst gemachten Erfindung der Schlängelbewegung (mit Ausnahme der langsamen Würmer) mit diesen immer stärker werdenden neuartigen Wasserströmungen auseinandersetzen zu können. Es gibt sogar eine moderne Theorie

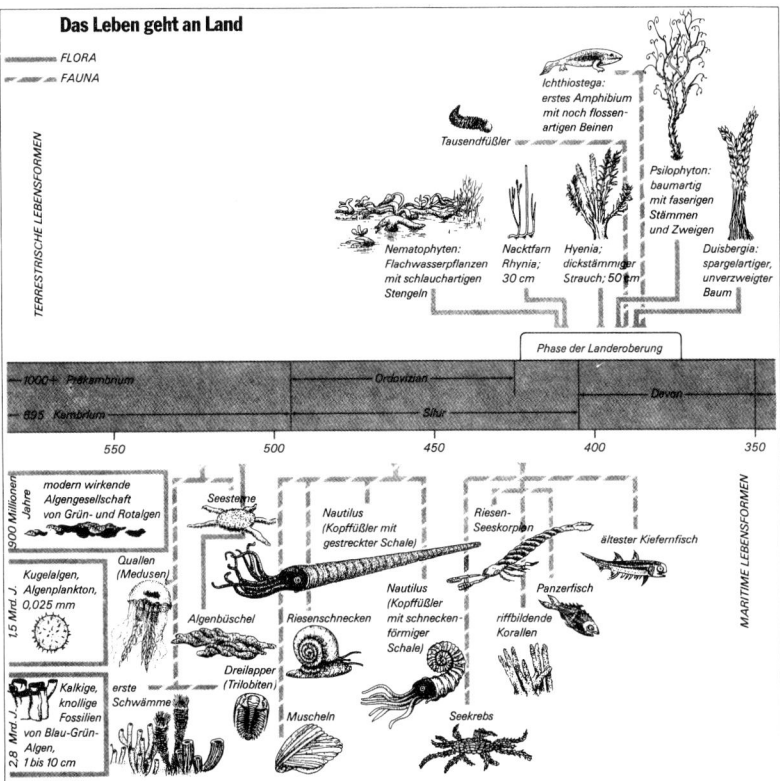

Das Leben geht an Land

FLORA
FAUNA

TERRESTRISCHE LEBENSFORMEN

Ichthiostega:
erstes Amphibium
mit noch flossen-
artigen Beinen

Tausendfüßler

Psilophyton:
baumartig
mit faserigen
Stämmen
und Zweigen

Nematophyten:
Flachwasserpflanzen
mit schlauchartigen
Stengeln

Necktfarn
Rhynia;
30 cm

Hyenia;
dickstämmiger
Strauch; 50 cm

Duisbergia:
spargelartiger,
unverzweigter
Baum

Phase der Landeroberung

1000+ Präkambrium
695 Kambrium
Ordovizian
Silur
Devon

550   500   450   400   350

MARITIME LEBENSFORMEN

900 Millionen Jahre
modern wirkende
Algengesellschaft
von Grün- und Rotalgen

Seesterne

Nautilus
(Kopffüßler mit
gestreckter Schale)

Riesen-
Seeskorpion

ältester Kiefernfisch

1,5 Mrd. J.
Kugelalgen,
Algenplankton,
0,025 mm

Quallen
(Medusen)

Algenbüschel

Riesenschnecken

Nautilus
(Kopffüßler mit
schnecken-
förmiger
Schale)

Panzerfisch

riffbildende
Korallen

Dreilapper
(Trilobiten)

2,8 Mrd. J.
Kalkige,
knollige
Fossilien
von Blau-Grün-
Algen,
1 bis 10 cm

erste
Schwämme

Muscheln

Seekrebs

Typische Formen der Flora und Fauna vor und kurz nach der Besiedlung des Landes durch das Leben um die Zeitenwende zwischen dem Silur und dem Devon. Die Paläontologie lehrt, daß die Eroberung in der erstaunlich kurzen Zeitspanne von etwa 50 Millionen Jahren erfolgte, nachdem das Leben im Meer fast fünfzigmal so lange bereits existiert und im Präkambrium und Kambrium, und dann besonders im unteren Silur (Ordovizian), eine sehr artenreiche Entwicklung erfahren hatte.

der Abstammung der Fische, wonach diese erst in den Flüssen entstanden und die Ahnen der heutigen Salzwasserarten wieder ins Meer zurückgewandert sind.

Das vor etwa 400 Millionen Jahren zum ersten Mal mit größeren
Flächen aufgetauchte Land hatte immerhin eine Höhe von 2500 m
über dem heutigen Meeresspiegel. Man darf sich allerdings nicht
vorstellen, daß das Klima damals etwa dem entsprochen hätte, wie
es heute in rauhen Hochebenen herrscht. Die Grundfläche der
gesamten Atmosphäre blieb ja stets die Summe aus Meeresoberflä-
che und entblößtem Land, und darüber lag die gesamte Masse der
Atmosphäre. Da die Erdoberfläche damals und während der
darauffolgenden Steinkohlezeit etwa nur halb so groß war, betrug
der Luftdruck fast das doppelte des heutigen Wertes. Eine dichter
gepackte Atmosphäre jedoch schützt die Erde besser vor Wärme-
verlust, so daß während der Anfangszeit des Landlebens ein
feuchtheißes Tropenklima geherrscht haben muß.

Die Überfülle des Pflanzenwachstums während der Steinkohlezeit
hat auch nach den klassischen Vorstellungen die Existenz eines
solchen Klimas zur Voraussetzung. Nur hat man nach dieser
Vorstellung aus dem Pflanzenreichtum auf eben ein solches Klima
schließen müssen; jetzt hingegen können wir das Argument
umkehren: Die Pflanzenfülle wurde durch das Tropenklima hervorgebracht, das ad hoc in den 150 Millionen Jahren nach dem
Auftauchen des Landes wegen der damals noch viel dichteren
Atmosphäre geherrscht haben muß.

Es ist hier nicht der Raum, die bestimmt überaus zahlreichen
Einwände der Geologie und der Paläontologie auch nur annähernd
zu verfolgen. Das Kapitel soll daher mit einem Gedanken Pascual
Jordans schließen: Auch wenn sich eine wissenschaftliche Spekulation dieser Art bestimmt noch nicht bündig beweisen läßt, so
beschert sie mit den neuen Aspekten ihrer Ideen immerhin eine
intellektuelle Befriedigung.

7

Stammt das Leben aus dem Weltall?

Nun haben wir bisher schon recht ausführlich über die Geschichte der Erde und des Lebens auf ihr gesprochen. Wir waren uns auch darüber klar, daß die Zeit die wichtigste Zutat im Rezept des Lebens ist. Freilich haben wir uns überhaupt noch nicht bündig darüber unterhalten, wo das Leben eigentlich herkommt. Ist es eine rein irdische Erscheinung – wie wir bisher beschrieben haben –, oder ist es vielleicht eine Eigenschaft des gesamten Kosmos?

Über die Herkunft des Lebens gibt es zwei fundamentale Vorstellungen. Zunächst einmal wird gesagt, daß das Leben auf unserer Erde durch Urzeugung entstanden ist. In dem Moment, als sich in grauer Vorzeit die ersten Moleküle, die sich selbst reproduzieren konnten, entstanden sind, übernahmen die Gesetze von Darwin den weiteren Verlauf. Andere Vorstellungen gehen davon aus, daß das Leben einen kosmischen Ursprung hat und daß das Weltall selbst belebt ist.

Gegen Ende des letzten Jahrhunderts hat der schwedische Wissenschaftler Svante Arrhenius eine Idee populär gemacht. Im Jahre 1907 dann veröffentlichte er ein Buch mit dem Titel »Welten im Entstehen«. Darin sah er ein Universum, in dem es Leben immer schon gab, das in Form von feinem Staub das ganze Universum

erfüllte. Schließlich landeten diese Keime auch auf unserer Erde, die eine chemische und physikalische Ausrüstung besaß, auf der diese Keime sich vermehren konnten. Arrhenius nannte diese Hypothese die »Panspermie«.

Paläontologen, Geochemiker und Biologen haben andere Vorstellungen, da sie nach Möglichkeiten suchen, die Entstehung des Lebens als Urzeugung auf unserer eigenen Erde zu lokalisieren. Später werden wir noch darüber reden müssen.

Jüngst haben der berühmte englische Astronom Fred Hoyle und sein indischer Kollege Chandra Wickramasinghe geltend gemacht, daß die großen Staubwolken in den Tiefen des Weltalls aus stabförmigen Bakterien bestünden. Sie haben die Streuung des Lichtes der Sterne dahinter untersucht und kamen zu dem Schluß, daß diese winzigen Teilchen mit einer Länge von etwa einem tausendstel Millimeter durchaus Bakterien sein könnten. Diese treiben durch die Tiefen des Alls, werden von Kometen auf den Planeten abgesetzt, um diese dann zu befruchten. Also eine Neufassung der Panspermie-Theorie von Arrhenius.

Wenn diese Staubwolken mit Milliarden und Billiarden von Bakterien im Weltall existieren, so dürfen wir nicht vergessen, daß diese Teilchen dauernd unter dem Einfluß von energiereichen Strahlen stehen. Es sind nicht nur die ultravioletten und Röntgenstrahlen von nahen Sternen, die sie peitschen, sondern wir haben auch noch zusätzlich die Weltraumstrahlung. Das ist eine Teilchenstrahlung von höherer Energie; da diese »Bakterienwolken« ja viele Hunderte von Millionen Jahre im All schweben, würden die Keime bestimmt abgetötet.

Die Panspermie von Arrhenius ist gewiß eine verlockende Idee. Nur: Die Bestrahlung der Keime im Weltall sollte den Vertretern dieser Theorie eigentlich ernsthafte Sorgen machen. Für biologische Substanzen ist der freie, strahlendurchsetzte Weltraum sicher kein idealer Konservierungsort.

Nach der Theorie der Panspermie bestehen große Teile des Staubes im Weltall aus organischem Material. Einige von diesen winzigen Teilchen werden sogar in der Form von ausgebildeten Bakterien vermutet. ◁

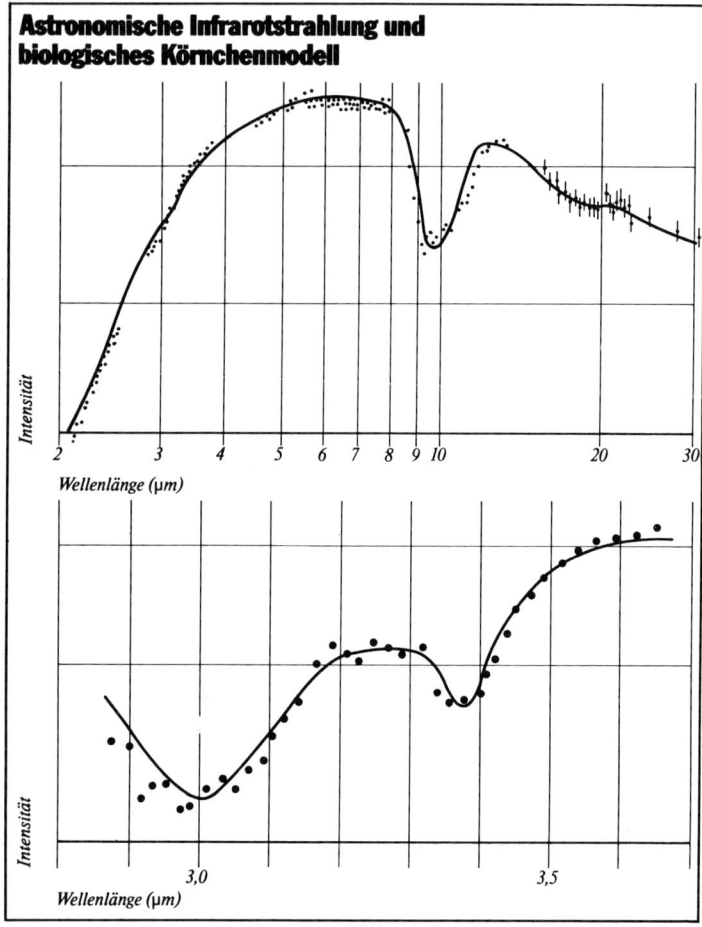

Astronomische Infrarotstrahlung und biologisches Körnchenmodell

Intensität

Wellenlänge (μm)

2   3   4   5   6   7   8   9 10   20   30

Intensität

3,0   3,5

Wellenlänge (μm)

Die beiden Kurven stellen berechnete Durchgangsspektren des biologischen Modells dar. Die Punkte sind in beiden Fällen Meßwerte für die Strahlung aus astronomischen Quellen. Die obere Kurve liegt im Bereich größerer Wellenlängen im Vergleich zur unteren. In beiden Fällen läßt sich weitgehende Übereinstimmung zwischen den berechneten Kurven und den gemessenen Werten feststellen.

Der Biologe, der die verschiedenen Lebensformen – Pflanzen und Tiere – beschreibt, ist überwältigt von ihrer Mannigfaltigkeit. Der Biochemiker jedoch, dem es in den letzten Jahrzehnten gelungen ist, die Lebenssubstanz in ihrem chemischen Aufbau in etwa zu durchschauen, ist im Gegenteil über die Gleichförmigkeit des Lebens und seiner Wirkungsprinzipien erstaunt. Jede lebende Zelle – ob im Körper einer Alge, eines Tintenfisches, einer Eiche oder eines Menschen – benutzt Proteine und Enzyme als Grundsubstanzen und Nukleinsäuren völlig gleicher Struktur als Elemente der Vererbung und der Steuerung der Lebensentwicklung. Für diese Einheitlichkeit der irdischen Lebensformen gibt es ein bestechendes Phänomen. So sind es Aminosäuren, die sich zu den Kettenmolekülen der Proteine zusammenfügen. Jede Aminosäure besitzt dabei eine Seitenkette, die sowohl an der rechten wie an der linken Seite angeheftet sein könnte. Es gibt also zwei verschiedene Ausgaben der höheren biochemischen Moleküle, beginnend bereits mit den Aminosäuren, die man als Rechts- bzw. Linksmodelle bezeichnet. Es ist nun auffallend, daß die Lebenssubstanz der gesamten Biosphäre unseres Planeten ausschließlich aus dem Linkstyp besteht. Wir wollen uns das einmal näher ansehen.

In der beigefügten Zeichnung sehen wir das Strukturmodell einer der einfachsten Aminosäuren, des Analins. Die Zeichnung liegt vor einem Spiegel, wobei im Original die Seitenkette dem Spiegel zugewandt ist. Das Spiegelbild ist natürlich seitenverkehrt, und die Seitenkette weist nach vorn statt nach hinten. Nun geht nicht jeder von uns täglich mit solchen Strukturzeichnungen um – das gleiche haben wir bei jedem Handschuh. Da sehen wir, daß der abgebildete Handschuh den Daumen nach rechts hat, während im Spiegelbild der Daumen nach links weist. Unsere Hände und damit auch unsere Handschuhe sind nämlich Spiegelbilder. Charakteristisch dafür ist, daß sie eben nicht identisch sind und sich auch nicht echt zur Deckung bringen lassen. Das gelingt nur, wenn man einen

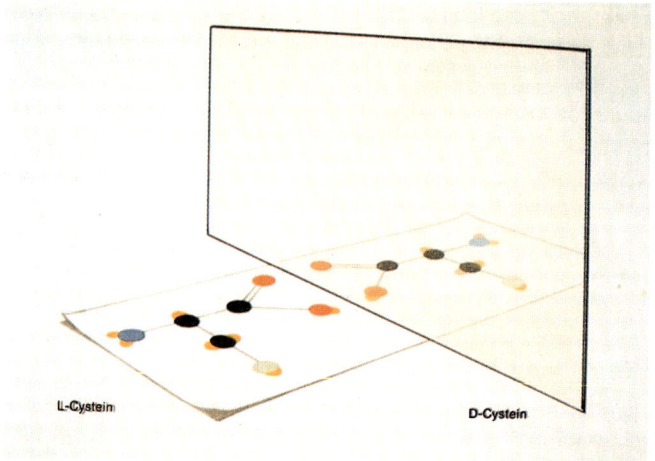

L-Cystein

D-Cystein

Eine linksgerichtete (»L-Form«) Aminosäure und ihr Spiegelbild in der »D-Form«. Die irdische Lebenssubstanz benutzt ausschließlich L-Formen von Aminosäuren. Außerirdisches Leben, das D-Formen benutzt, wäre denkbar. Die beiden Lebensformen könnten sich jedoch nicht mischen.

Handschuh umklappt und auf den anderen legt. Wenn wir dann ein halbes Dutzend solcher Handschuhe so aufeinanderlegen, daß sich die Daumen jeweils decken, bekommen wir einen Stapel, wobei die ledernen Handschuhrücken und die wollenen Innenflächen jeweils paarweise in Kontakt kommen. Ein voll symmetrischer Stapel läßt sich mit Handschuhpaaren nicht herstellen – nur jeweils mit entweder rechten oder linken Handschuhen. Und man spricht daher in der Chemie direkt von »Rechtshändigkeit« und »Linkshändigkeit«.

Mit solchen nicht völlig identischen Modellen der biochemischen Moleküle können keine lebenden Strukturen aufgebaut werden. Dazu müssen die Bausteine echt identisch sein, also entweder lauter Rechts- oder Linksmodelle und keine Spiegelbilder.

Es ist gelungen, in der Retorte auch »Rechtsmoleküle« künstlich herzustellen. Die können sich untereinander hervorragend verbinden und all das, was die wirklich lebenden Biomoleküle machen, spiegelbildlich wiederholen. Da diese künstlich hergestellten Moleküle natürlich noch nicht »lebendig« gemacht werden konnten, gibt es kein »rechtsgerichtetes« Leben. Es ist nun eine wirklich tiefsinnige Betrachtung wert, die Tatsache zu bedenken, daß alles, aber auch alles irdische Leben aus Linksmodellen besteht. Das läßt den Schluß zu, daß der gesamte, unerhört verzweigte Strom des irdischen Lebens von einem einzigen, dem ersten reproduktionsfähigen Molekül stammt, das zufällig ein Linksmodell war.

Wenn wir jetzt zur Panspermie zurückkehren und an die unzähligen Trilliarden von Keimen im Weltall denken, so müßten diese eigentlich mit gleicher Wahrscheinlichkeit Links- und Rechtsmodelle sein. Wenn also unsere Erde mit Keimen aus dem Weltall befruchtet worden ist, so müßten im Laufe der Jahrmillionen etwa gleichviel Links- und Rechtsmodelle angekommen sein. Beide

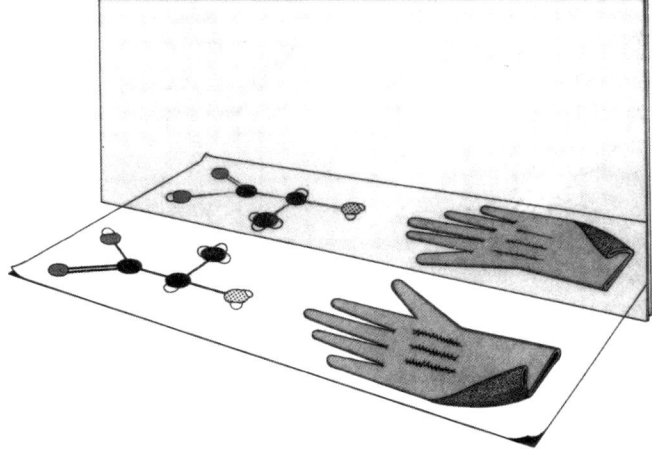

Rechts- und linksgerichtete Formen eines organischen Moleküls symbolisiert durch das Spiegelbild eines Handschuhes

Formen haben die gleichen Überlebenschancen, da die anorganischen Grundsubstanzen, aus denen sich das Leben weiter aufbaut (Wasser, Salze, Kohlendioxyd und Mineralien), »gradlinig« sind und sich für den Aufbau beider spiegelbildlicher Lebensformen gleich gut eignen.

Die Rechts- und Linksmodelle könnten also durchaus nebeneinander bestehen, wobei sie sich nur den Vorrat der anorganischen Grundsubstanzen streitig machen würden.

Auf der Erde freilich haben wir nur Linksmodelle, die auf eine ununterbrochene Ahnenreihe bis zum ersten reproduktionsfähigen Molekül hinweisen. Bei der allumfassenden Panspermie wäre es beliebig unwahrscheinlich, daß nicht mindestens die Hälfte dieser kosmischen Bakterien Rechtsmodelle sind. Würde man diese Voraussetzung ablehnen, dann müßten auch alle Bakterien im Weltall wiederum auf jenes zufällig rechts- oder linksgerichtete, erste reproduktionsfähige Molekül zurückführbar sein.

Das zeigt deutlich, daß die Theorie der Panspermie von Fred Hoyle und seinem indischen Kollegen das Problem des Ursprungs des Lebens doch nur um eine Stufe weiter verschiebt. Irgendwo muß es doch entstanden sein. Wenn nicht auf unserer Erde, dann in einer anderen Umwelt im Weltall, die zur Bildung der ersten lebenden Moleküle geführt hat. Mit Panspermie weichen wir doch dem grundsätzlichen Problem des Ursprungs des Lebens eigentlich nur aus.

Religiöse Fanatiker, welche die biblische Schöpfungsgeschichte in keiner Weise angegriffen sehen möchten, sind auch der Hypothese der Panspermie überhaupt nicht gewogen. Sie verlangt ja doch auch wieder irgendwie eine Urzeugung, die dann nur im Weltall angesiedelt und von der Entwicklungsgeschichte der Erde, die in der Genesis beschrieben wird, unabhängig geworden ist. Nun haben freilich die Bibeldeuter den Astronomen, Geologen und Paläontologen schon einige Zugeständnisse gemacht, indem sie zugelassen haben, daß jeder der sechs Schöpfungstage nicht im Maßstab von 24 Stunden bemessen werden muß. Hier berufen sie sich auf ein Bibelwort: »Denn tausend Jahre sind vor dir wie der Tag, der gestern vergangen ist, und wie eine Nachtwache.« Damit hat man etwas Luft gewonnen gegenüber den Forderungen, welche die Wissenschaftler an das Maß der Zeit stellen.

Freilich »ein Tag gleich tausend Jahre« ist ein sehr bescheidenes Maß: Die Evolution betrifft ja nicht nur das Leben, sondern auch die Entwicklung unserer Erde als Planet. Sie hat eine sehr komplexe Geologie, sie hat ein riesiges Weltmeer, und alle diese geologischen Strukturen, zusammen mit der Atmosphäre, müssen eine Entstehungsgeschichte haben, welche Millionen, ja Milliarden von Jahren in Anspruch nimmt. Man kann sich natürlich auf die naive Vorstellung versteifen, daß das alles einschließlich des irdischen Lebens während der letzten 6000 Jahre durch göttlichen Eingriff momentan und ruckartig auf die Bühne gestellt wurde. Doch auch dem naiven Betrachter erscheint das etwas unwahrscheinlich. Das ist die Wurzel für den Streit zwischen biblischer Schrift und Wissenschaft: die Dimension der Zeit.

Nun wollen wir eben diese Zeitdimension noch einmal ins Auge fassen, um vielleicht zu begreifen, daß die wichtigste Zutat im Rezept des Lebens die Zeit ist. Die Zeit ist eben das Geheimnis des Lebens.

8

Ist die Erde doch die Wiege unseres Lebens?

An dieser Stelle wollen wir einmal die Möglichkeiten betrachten, ob das irdische Leben – so provinziell es auch klingen mag – vielleicht doch auf unserer Erde entstanden sei. Das ist natürlich eine Frage der statistischen Wahrscheinlichkeit in dem großen Würfelspiel der Schöpfung. Daß sich Atome und Moleküle durch Zufall zusammenfinden könnten, um Leben zu schaffen, ist gewiß außerordentlich unwahrscheinlich und wird deshalb von vielen Menschen – darunter auch namhaften Wissenschaftlern – abgelehnt. Alle diese Zweifel jedoch sind in den mikroskopischen Zeitvorstellungen, welche unser Menschenleben in hundert oder auch zehntausend Jahren einengt, befangen. Es ist uns Menschen überhaupt nicht gegeben, einen Zeitraum von einer Million oder gar von einer Milliarde Jahren auch nur im entferntesten zu erfassen. Bei der Betrachtung des nun folgenden Themas müssen wir uns davor hüten, die winzigen menschlichen Grenzen unserer Zeitvorstellung zum Maßstab zu nehmen.

Die Grundidee für diese Überlegungen besteht aus dem Satz: die Zeit – die wichtigste Zutat im Rezept des Lebens. Die Schöpfung mit ihrer Chemie und Physik betreibt nämlich ein ungeheures Würfelspiel. Immer wieder ist sie dabei, zunächst ohne Ziel, neue

Durch die Energie des ultravioletten Sonnenlichtes wurden die chemischen Bestandteile während der Jahrmilliarden langsam in ihre atomaren Bausteine zerlegt, die sich dann zu neuen chemischen Verbindungen zusammenfanden; die Zerlegung von Methan und Wasser lieferte Kohlenstoff und Sauerstoff, die Kohlendioxid bilden; der aus dem Ammoniak befreite Stickstoff erzeugte den freien Stickstoff, den wir heute noch in der Erdatmosphäre finden. Die leichten Wasserstoffatome entwichen in den Weltraum.

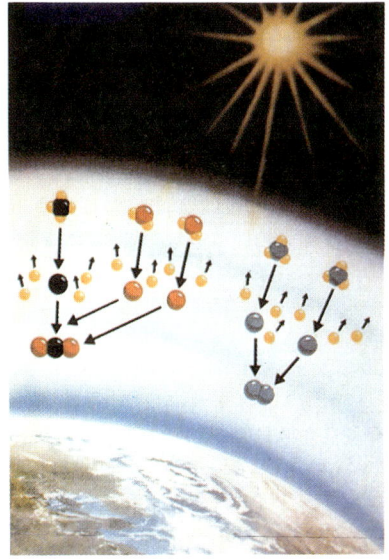

Kombinationen zusammenzustellen, von denen eine ganze Reihe – vor allen Dingen, wenn sie komplizierter werden – sich zufällig zusammenfinden können. Wie sah denn die Erde aus, als sie vor 4,4 Milliarden Jahren geboren wurde? Sie war eine Kugel aus Metallen und Steinen, mit einer langsam sich abkühlenden Oberfläche. Der Vulkanismus, der laufend jungfräuliches Wasser aus dem Erdinnern ausspuckte, schuf das Weltmeer, das heute noch in gleichem Maßstab wächst. Umgeben war der Planet von einer Lufthülle, die zu Beginn in der Hauptsache aus Methan, Kohlendioxyd und Wasserdampf bestand. Es gab damals noch keinen freien Sauerstoff in der Atmosphäre. Die dramatische Änderung in der Zusammensetzung unserer irdischen Atmosphäre verdanken wir dem Leben. Das kam allerdings erst später.

In dem damals schon so großen Weltmeer waren die chemischen Stoffe Ammoniak und Kohlensäure dicht als Lösung vorhanden. Es ist nun durch interessante Experimente nachgewiesen worden, daß Wasser mit Ammoniak und Kohlensäure angereichert die grundsätzlichen organischen Stoffe, nämlich die Aminosäuren, herstellen kann. Dazu allerdings bedarf es physikalischer Energiestöße, wie etwa Blitze, ultraviolette Sonnenstrahlung und Höhenstrahlung. Damit sind die Anfänge der Biochemie geschaffen. Es ist nun wichtig zu wissen, daß Essigsäure und Glycin – das sind zwei Stoffe, die sich bei Experimenten dieser Art als erste bildeten – die Grundlage sind für die Formierung des berühmten Porphyrinringes, der den ersten Ansatz darstellt. Sie können sich durchaus vereinigt haben in der Produktion des Porphyrins in dem zunächst noch toten Ozean. Das könnte der wichtigste Schritt gewesen sein, daß weiterhin sich die wichtigsten Enzyme für die Fortentwicklung des Lebens gebildet hätten. Hinzu kommt, daß Chlorophyll, das wichtigste Molekül des Lebens für die Photosynthese, ebenfalls ein Porphyrin ist.

An dieser Stelle will ich nicht so sehr in die Biochemie abgleiten. Wir wollen lieber den Gegnern der Urzeugung auf unserer Erde ein Argument entgegenhalten. Diese sagen immer, daß es unwahrscheinlich sei, daß ein solches Molekül sich überhaupt bildet. Dann müßten auch noch weitere gleichartige Moleküle durch Zufall entstehen, damit sie miteinander in Beziehung treten können zur ersten chemischen Formulierung des Lebens. Diesen Argumenten muß man entgegenhalten, daß es überhaupt nicht erforderlich ist, daß gleichartige Moleküle unabhängig voneinander durch das große Würfelspiel entstehen.

Nein, der Trick des Lebens besteht darin, daß ein Biomolekül imstande ist, sich aus der Umwelt eben just jene Bestandteile herauszusuchen, um sich selbst zu reproduzieren. Das sich selbst reproduzierende Molekül muß nur einmal entstehen, dann stellt es genaue Abbilder von sich selbst laufend neu her. Dabei braucht das Abbild wirklich nicht noch einmal die gleiche, so unwahrscheinliche Entwicklung hinter sich zu bringen. Es hat sich einfach das bereits bestehende Molekül zum Vorbild genommen. Das ist ja das Geheimnis der Vererbung. Nur weil es lebende Moleküle gibt, die genaue Abbilder von sich selbst herstellen können, hat ein Kind die Haut-, Haar- oder Augenfarbe seiner Eltern.

Es ist natürlich für menschliche Zeitvorstellungen recht unwahrscheinlich, daß die Biochemie in der Ursuppe des Ozeans so etwas gemacht hat. Was in der ersten Milliarde von Jahren nicht passiert, ereignet sich dann eben in der zweiten Milliarde. Wir kurzlebigen Menschen haben überhaupt keine Vorstellung, wie lang eine Milliarde von Jahren ist. Wenn man das erwägt, so ist die Urzeugung des irdischen Lebens auf unserem blauen Planeten durchaus akzeptabel. In dem Moment, in dem das erste »lebendige Molekül« – d. h. daß es sich selbst beliebig oft reproduzieren kann – entstand, ist eigentlich die Hürde schon genommen, und dafür hat die Natur dem Leben wirklich Zeit gegeben.

Dann gibt es noch einen weiteren Umstand, der den vielleicht entstandenen organischen Molekülen, die sich selbst reproduzieren können, die Lebenschance sehr vergrößert hat. In der Ursuppe des urtümlichen Ozeans gab es ja keine chemische Konkurrenz. Nachdem sie einmal gelernt hatten, sich selbst zu reproduzieren und damit zu vermehren, konnten sie kaum mehr untergehen. Es gab noch keine biologischen Konkurrenten, die ihnen das Leben streitig gemacht hätten. Vielleicht in wenigen Millionen Jahren war dann der Ozean unseres schönen blauen Planeten die Wiege des erwachenden Lebens.

Was gibt es denn für chemische und physikalische Kräfte, welche diese zarten »lebenden« Moleküle hätten zerstören können? Da gibt es Oxydation, d. h. eine Sättigung des Meerwassers mit Sauerstoff. Den gab es in der Uratmosphäre ja noch gar nicht. Die zweite

Gefahr war die ultraviolette Strahlung der Sonne, die damals die Erde noch ungehemmt peitschen konnte. Da die Erdatmosphäre noch keinen Sauerstoff enthielt, gab es auch noch keine Ozonschicht, welche uns heute vor den Angriffen der ultravioletten Strahlen der Sonne schützt. In den obersten Schichten des Weltmeeres war die UV-Strahlung der Sonne zwar noch recht heftig; auch von der Erdkruste am Meeresboden drohten Gefahren für diese delikaten, lebenden Moleküle. Die Radioaktivität der Erdkruste durchsetzte nämlich schon damals das Meer von unten. Aber in den wohnlichen Schichten zwischen 300 und 3000 Metern im Ozean, wo Strahlung von oben und unten abgeschirmt war, konnte sich das erwachende Leben recht sicher fühlen.

Inzwischen wurde durch die Erfindung der Photosynthese immer mehr freier Sauerstoff erzeugt. Das hat die Geschichte der Erdatmosphäre völlig umgewandelt. Der freie Sauerstoff in der Atmosphäre reicherte sich an, und inzwischen hat er immerhin 20 Prozent erreicht: Bei diesem Wert hat sich der Sauerstoffgehalt der Erdatmosphäre eingependelt. Im gleichen Maßstab haben die lebenden Moleküle es gelernt, sich der oxydierenden Atmosphäre und dem gelösten Sauerstoff im Meerwasser anzupassen. Ja, es ist sogar so, daß die höheren Lebewesen den stets steigenden Sauerstoffgehalt im Meer und in der Atmosphäre als einen idealen Energieträger für die Lebensvorgänge erkannt und genutzt haben. So können wir Menschen wochenlang ohne Nahrung und sogar ein paar Tage lang ohne Trinkwasser überleben; wenn wir keinen Sauerstoff mehr einatmen können, dauert es nur ein paar Minuten, bis wir umkommen.

Wir sagten, daß die Zeit die wichtigste Zutat im Rezept des Lebens sei. Da kam nun kürzlich eine bemerkenswerte Arbeit des Gießener Paläontologen Professor Hans Dietrich Pflug heraus, die just in Frage gestellt hat, ob diese Zeit wirklich zur Verfügung stand. Er hat nämlich gezeigt, daß das Alter des bereits perfekten Zellorganismus

Eine perfekte Zellorganisation, die bereits 3,8 Milliarden Jahre alt ist. Das Bild zeigt einen organischen Einschluß in den Meteoriten Murchison. Man erkennt eine kohlige Halbkugel, der ein segmentierter Faden ansitzt. ▷

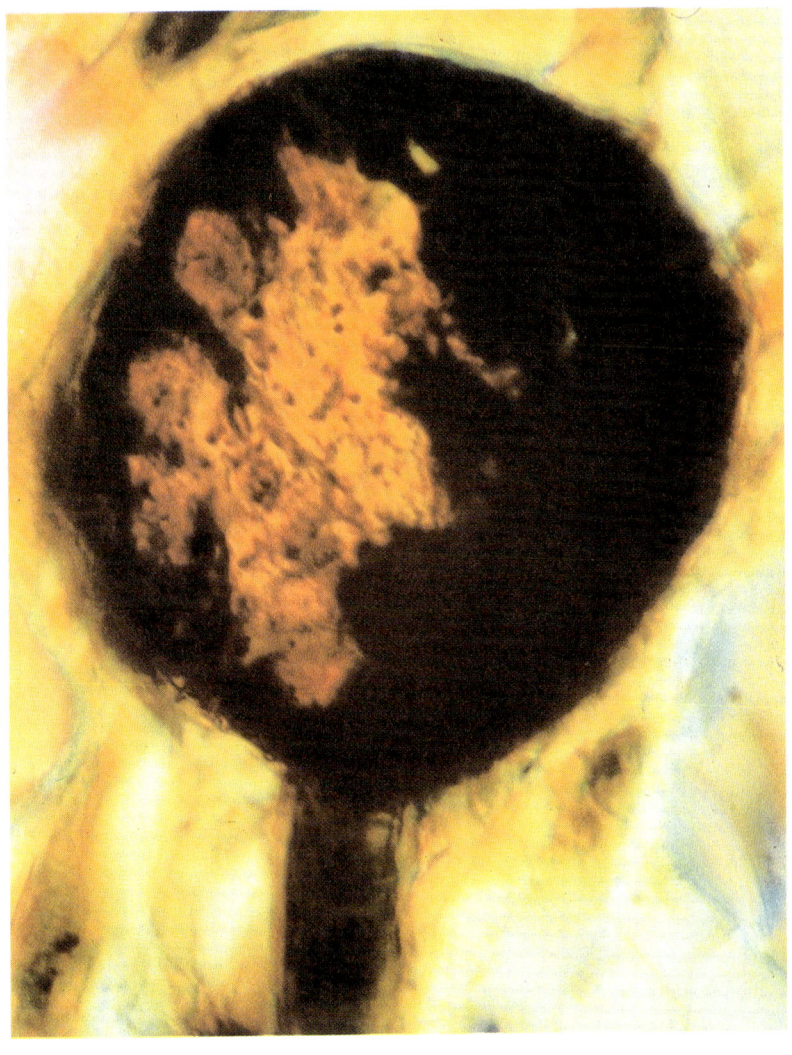

ausgeprägten Lebens auf der Erde fast doppelt so hoch anzusetzen ist, wie man bisher angenommen hatte. Für die Entstehung solcher schon voll entwickelten Zellstrukturen hatte man bisher das Alter von 2,2 Milliarden Jahren angesetzt. Professor Pflug hat nun ziemlich deutlich geltend gemacht, daß solche Strukturen schon vor 3,8 Milliarden Jahren auf der Erde existierten. Da das Alter der Erde sich auf 4,3 bis 4,5 Milliarden Jahre bemißt, wird uns die Zeit als die wichtigste Zutat im Rezept des irdischen Lebens vielleicht doch etwas knapp. Hinzu kommt, daß in der ersten halben Milliarde Jahre der Erdgeschichte die chemischen Strukturen auf der Erdoberfläche für die Urzeugung des irdischen Lebens noch nicht so günstig waren.

Der Einwand von Professor Pflug wird von den Vertretern der Urzeugung noch zu verdauen sein. Das Schöne an diesen Spekulationen jedoch ist, daß wir die schließliche Lösung eben immer noch nicht wissen – aber darin steckt ja der ungeheure Reiz dieses wissenschaftlichen intellektuellen Spiels.

Wir Menschen leben in unserer eigenen, zeitlich eingeschränkten Welt von ein paar hundert oder vielleicht ein paar tausend Jahren. Das ist doch gar nichts. Über diese paar tausend Jahre kann die Evolution bloß lachen. Deswegen erblicken wir die Welt als ein statisches Ereignis. Dieses Vorstellungsbild haben sich auch alle Weltreligionen zu eigen gemacht. Jede Religion hat es auf sich genommen, eine Genesis zu schreiben. Mit unserer zeitlich ungeheuren Kurzsichtigkeit waren wir Menschen immer der Meinung, daß alles immer schon so war, wie es heute ist, und daß alles demnächst in einem Weltuntergang sein Ende fände.

Was den Schöpfungsgeschichten in allen Religionen anhaftet, ist die Vorstellung, daß ein Gott die Welt und alles Leben auf ihr mit einem Schlage fertig geschaffen hat. Der Mensch ist demnach genauso alt – vielleicht ein paar Tage jünger – wie die primitivsten Mikroben. Eine moderne Rose und eine Tanne sind genauso alt wie die

Zeichnerische Darstellung der Kernverschmelzungs-
prozesse im Innern der Sonne. Ähnlich kann man sich
auch den Zustand der Materie kurz nach dem sogenannten »Urknall« versinnbildlichen.

primitiven Meeresalgen. Alle sind ja in der Form geschaffen
worden, wie wir sie heute noch vorfinden. Veränderung gibt es
nicht – d. h. die Idee einer Evolution ist in den Schriften der
Religionen nicht zu finden. Und so bleibt es bis zum Ende aller
Tage, bis der Weltuntergang alles vernichtet.

Daß diese menschlichen Zeitmaßstäbe in den großen Schriften der
Religionen, in der Bibel und im Koran, ihren Niederschlag gefun-
den haben, macht es für die Wissenschaftler so unerhört schwierig,
sich mit den Schriften auseinanderzusetzen. In dieser Kontroverse
liegt auch die Wurzel für viele, an sich unnötige Konflikte zwischen
Religion und Wissenschaft. Denken wir an den Streit zwischen
Galilei und der Kirche. Das war völlig unnötig. Als Columbus
Amerika entdeckte und der berühmte portugiesische Seefahrer
Fernando Magellan als erster die Welt umsegelte, hat man diesen
Pionieren ihre Erlebnisse zunächst überhaupt nicht abgenommen.
Die Menschheit ist eben in ihrer kurzzeitigen Existenz befangen.
Das ist auch der Grund, weshalb die großartigen Ideen von Charles
Darwin heute noch immer bekämpft werden. Die Menschheit
möchte sich nicht so klein sehen, wie sie in dieser an sich
großartigen Schöpfung letzlich doch angesiedelt ist.

Die Schaffung des Lebens, gestützt auf die phantastische Kombina-
tionsfähigkeit des Stoffes der Schöpfung, ist vielleicht die großartigste Erfindung der Natur. Müssen wir uns darüber wundern,
daß wir das noch nicht richtig begriffen haben?

Gläubige Menschen, vor allen Dingen die Sekte der Zeugen
Jehovas, wollen den Gottesbeweis immer wieder darin sehen, daß
die Schöpfung, insbesondere der belebten Natur, immer wieder
den gestaltenden Eingriff Gottes erfordert. Ich möchte das eigentlich anders sehen nach einer Idee, die einen weit größeren Respekt
vor der Schöpferkraft der Natur beweist. Nach dieser Idee möchte
ich den Herrgott nicht wegen jeder kleinen neuen Erfindung
behelligen. Nein, als Raum, Zeit und die Materie in einem funda-

mentalen Schöpfungsakt der Natur geschaffen worden sind, wurden auch die Grundlagen der Naturgesetze festgelegt. Die Materie, die sich in Raum und Zeit ausbreitet, wurde von Anfang an mit Eigenschaften und naturgesetzlichem Verhalten ausgestattet, daß all das sich entwickeln konnte, was wir heute im Weltall beobachten: Milliarden und Abermilliarden von Milchstraßen, die sich laufend im Weltraum ausbreiten; Sterne und Planeten und ihre Monde; Lebensformen von den primitivsten Anfängen von schon recht komplizierten biochemischen Molekülen, die sich teilen und vermehren konnten; bis schließlich zu den modernsten Formen der intelligenten Warmblüter und des Menschen. Der eigentliche Schöpfungsakt bestand doch darin, Raum, Zeit und Materie mit jener Potenz auszustatten, daß sich das alles entwickeln konnte.

Es ist vielleicht eine sehr schöne Einrichtung, daß wir als Menschen und Wissenschaftler eben nie ein Ende unserer Erkenntnisse finden. Die Zeit – dieser unvorstellbare Teil der Schöpfung – wird uns kurzlebigen Menschen wohl immer in ihrem eigentlichen Wesen verschlossen bleiben. Nun sind wir ja selbst als Menschen ein Sproß des Lebens, und von den ersten lebenden Molekülen im Urozean bis zu uns ist ein langer Weg. Wir müssen uns immer darüber im klaren sein, daß die Zeit die wichtigste Zutat im Rezept des Lebens ist.

9

Steuern kosmische Katastrophen
das irdische Leben?

1. Mose 6, 13. 18.

Über die Bedrohung des irdischen Lebens durch kosmische Kräfte gibt es die klassische Geschichte der Sintflut. Nach längerer Zeit verlor Jehova die Geduld mit den Menschen wegen ihrer Verworfenheit; er hatte die Absicht, sie mit der großen kosmischen Katastrophe zu vernichten. Allerdings hatte er Erbarmen mit einer ganzen Reihe von guten Menschen, und er hat Noah den Auftrag gegeben, eine Arche zu bauen. Ein Riesenschiff, mit dem er die nun kommende Katastrophe, eine Riesenflut, überstehen könne. Auch hatte Jehova Noah den Auftrag gegeben, er möge die Tiere retten, d. h. von jeder Gattung sollte ein Paar mit in die Arche kommen, damit sie diese Riesenflut überleben dürften, um sich dann hinterher in einer neu erschaffenen, besseren Welt wieder vermehren zu können.

In der biblischen Geschichte steht zu lesen, wie Noah diesen Auftrag erfüllte. Es gibt zum Teil hervorragende künstlerische Darstellungen, wie die Arche von Noah und seiner Familie und dann von den verschiedenen Tierarten, die paarweise die Rampe hinauflaufen, betreten wird. Und dann hat es vierzig Tage lang geregnet. Die ganze Welt wurde überflutet, und alles kam um. Als der Dauerregen nach vierzig Tagen aufhörte, schickte Noah die berühmte Taube auf den Weg. Sie sollte schauen, ob wieder Land aufgetaucht sei. Die Arche war inzwischen von der Flut auf den heute noch höchsten Berg der Türkei, den Ararat, hingetrieben, und die Taube kam zurück mit einem kleinen Palmenzweig. Daraufhin, als die Arche dann gestrandet war, sind die Menschen und die Tiere ausgestiegen und haben die Welt neu bevölkert.

Jehova weist Noah an, die Arche zu bauen. Holzstich von Schnorr von Carolsfeld aus einer Bibelausgabe Anfang des 20. Jahrhunderts ◁

Diese ergreifende Geschichte von der Sintflut wurde zu einem Modell für viele Überlegungen, welche davon ausgehen, daß das Leben auf der Erde immer wieder von kosmischen Katastrophen bedroht sei.

Es ist richtig, daß die Erde selbst oder auch der Kosmos aus dem All heraus gelegentlich gewaltige Katastrophen auf die Bühne stellen.

Wir wollen hier einmal betrachten, inwieweit diese Katastrophen das Leben wirklich gefährden oder auch nur beeinflussen. Dabei werden wir feststellen, daß die Natur, das Weltall und die Erde selbst trotz vieler Katastrophen doch im Grunde unerhört friedlich sind. Sonst hätte ja das Leben die vier Milliarden Jahre alte Geschichte auf der Erde nicht überlebt. Welcher Art sind nun solche Katastrophen, die das Leben vielleicht doch bedrohen könnten?

Nun beobachten wir in der Entwicklung des Lebens auf der Erde in seiner geologischen und paläontologischen Geschichte eine Reihe von sehr plötzlichen Einbrüchen. So ist das Leben vor vierhundert Millionen Jahren ganz plötzlich an Land gestiegen, hat dort eine explosionsartige Entwicklung angetreten. Als dann die Saurier entstanden, haben sie zweihundertfünfzig Millionen Jahre lang die Erde beherrscht und sind in relativ kurzer Zeit von nur fünf oder zehn Millionen Jahren ausgestorben. Was hat das für Gründe?

Dann entstanden völlig neue Lebewesen wie die Warmblüter, die Vögel und die Säugetiere und schließlich der Mensch. Man hat immer das Gefühl, daß die Evolution eine sehr langsame und eine sehr stetige Entwicklung ist. Nur diese Brüche sind schwer zu verstehen. Deswegen hat man auch in der Wissenschaft immer nach großen irdischen oder kosmischen Katastrophen Ausschau gehalten, die diese krassen Änderungen in der Entwicklung das Leben in relativ kurzer Zeit verursacht haben könnten.

Da haben wir z. B. die Eiszeiten. Während der letzten Millionen Jahre hat es insgesamt vier solcher Eiszeiten gegeben mit einer Länge von vielleicht einhunderttausend bis einhundertfünfzigtausend Jahren. Dazwischen lagen längere Perioden, die sog. Zwischeneiszeiten, von fast genau gleicher Länge. Während einer Eiszeit sinkt die mittlere Temperatur der Erde um etwa 2 bis 5° ab – die Gründe dafür können wir noch nicht genau festlegen. Das hat allerdings zur Folge, daß sich die Eisbedeckung der Polarzonen

weit nach Süden ausdehnt. Über die letzte Eiszeit, die vor zwanzig-
tausend Jahren zu Ende gegangen ist, haben wir natürlich die
besten Dokumente. Da waren Gletscher bis herunter zu den Alpen
vorgedrungen, also über ganz Nordeuropa, Skandinavien, England,
Norddeutschland, Nordfrankreich und in Amerika über ganz
Kanada bis zu den großen Seen; alles war von einem Riesenglet-
scher bedeckt. Eine solche weltweite Abkühlung hat natürlich auch
auf das Leben einen großen Einfluß gehabt. Es ist richtig, daß eine
ganze Reihe von Tierarten bei jeder Eiszeit vernichtet wurde – also
ausgestorben ist. Aber nehmen wir mal uns Menschen. Wir dürfen
nicht vergessen, daß eine Eiszeit nicht von heute auf morgen
hereinbricht. Es ist also keine plötzliche Katastrophe. Eine Eiszeit
braucht mindestens eintausend, zweitausend, zehntausend Jahre,
bis sie sich richtig ausbreitet. Während dieser Zeit hat der Mensch
Zeit, nach Süden in Richtung auf den Äquator auszuweichen. Das
hat er auch vier Mal gemacht, und die Eiszeiten haben den
Menschen nicht umbringen können.

Sodann hat eine Eiszeit, d. h. die Abkühlung und die Vereisung der
Kappen im Norden und Süden, recht wenig Einfluß auf das Leben
im Meer. Auch das Meer hat sich natürlich abgekühlt. Aber in der
Äquatorzone hat es immer noch seine alte Temperatur gehabt, so
daß die Meereslebewesen auch dieser Gefahr der Kälte und des
Eises ausweichen konnten. Sie hatten ja auch genug Zeit dazu. Eine
Eiszeit ist also keineswegs eine solche lebensbedrohende Katastro-
phe, wie sie manchmal dargestellt wird.

An lebensbedrohenden Erdkatastrophen haben wir natürlich auch
Vulkanausbrüche und große Erdbeben. Nun, diese sind immer lokal
beschränkt. Sie können das Leben als Ganzes auf der Erde überhaupt
nicht bedrohen. Wenn auch viele Menschen und Tiere bei solchen
Katastrophen plötzlich ums Leben kommen, so bleibt doch das
Leben als Ganzes mit seinen einzelnen Arten erhalten. Die Erdkräfte
können das Leben nicht zerstören. Im Gegenteil, sie erhalten es.

Die Mondkrater sind vermutlich durch den Einsturz verschieden großer Meteoriten entstanden. Die einstürzende Masse verwandelt dabei ihre ganze Bewegungsenergie in Wärme, wobei sie zusammen mit großen Mengen des getroffenen Gesteins momentan in hochgespannten Dampf verwandelt wird. Der

*Dampfkörper, gleichmäßig nach allen Seiten drük-
kend, reißt einen kreisförmigen Krater, unabhängig von
der Richtung eines Einsturzes.*

Wir können also feststellen, daß die Erde eigentlich dem Leben gegenüber, das sie erzeugt hat und das sie beherbergt und behütet, sehr milde und freundlich ist. Alle diese Katastrophen müssen wir im richtigen Maßstab sehen und dabei das Leben als Ganzes betrachten. Und das wird von der Erde nicht bedroht.

Wenn wir jetzt die echten kosmischen Kräfte betrachten, jene Ereignisse, die vielleicht das Leben auf der Erde bedrohen könnten, dann werden wir feststellen, daß auch der Kosmos eigentlich überhaupt nicht zu Katastrophen neigt. Die Schöpfung ist als Ganzes unerhört friedlich, obwohl sie öfter mal zuschlägt.

So wissen wir z. B., daß die Erde gelegentlich von riesigen Meteoriten aus dem Weltall getroffen wird. Das sind lokal gewaltige Katastrophen. Der anfangs erwähnte amerikanische Biochemiker Isaac Asimov, der auch als Verfasser von wissenschaftlichen Arbeiten bekannt ist, hat einmal die Meteoritengefahr aus dem Weltall sehr schön gekennzeichnet. Er sprach von den »Felsen des Damokles«. Er hat sich dabei natürlich auf die alte griechische Sage bezogen, daß über unseren Häuptern ein Schwert an einem Pferdehaar hängt, das jederzeit herunterfallen und uns erschlagen kann. Es ist richtig, daß so etwas in der Geschichte der Erde gelegentlich schon vorgekommen ist; aber nach der griechischen Sage hat auch Damokles überlebt. So werden auch wir Menschen und mit uns zusammen das irdische Leben diese Bedrohung der Felsen des Damokles aus dem Weltall bestimmt überleben.

Wollen wir uns einmal näher ansehen, was es mit den Meteoriten, mit den kleinen und großen Brocken, die die Erde laufend treffen könnten, für eine Bewandtnis hat.

Die Räume des Planetensystems sind nicht völlig leer. Obwohl die Prozesse der Planetenentstehung den Raum in unserem Sonnensystem sehr schön leergefegt haben, gibt es immer noch kleine Materieteile, welche die Erde als Sternschnuppen oder kleinere Meteore ständig treffen. Die Gesamtmenge des meteoritischen

Der Meteorkrater in Arizona ist vor etwa 25 000 bis 50 000 Jahren durch den Einsturz eines Eisenmeteoriten entstanden. Der Krater hat einen Durchmesser von fast 1½ Kilometern bei einer Tiefe von 200 Metern und einer Wallhöhe von 50 Metern. Er ist fast genau kreisrund und ähnelt in seinem Profil einem typischen Mondkrater gleicher Größe. Weit verstreut in seiner Umgebung sind zahlreiche Eisen-Nickel-Meteoriten gefunden worden.

Staubes, der auf die Erde niedergeht, beträgt täglich immerhin mehr als tausend Tonnen.

Diese meteorische »Umweltverschmutzung« ist durchweg ungefährlich. Die meisten dieser Materieteilchen haben nur die Größe eines Sandkorns oder allenfalls einer Erbse. Zudem treffen sie mit der ungeheuren Geschwindigkeit von dreißig bis vierzig Kilometern pro Sekunde auf die Erdatmosphäre, so daß sie in der Reibungshitze verdampfen. Zwar verbleiben die Reste in der Atmosphäre, sie sind aber harmloser Staub. Sie bestehen praktisch nur aus Mineralien oder aus Metall, meist Eisen oder Nickel.

Zu Beginn der Raumfahrt in den fünfziger Jahren zogen die
Raumfahrtforscher auch in Erwägung, den Mantel der Raumschiffe
allseitig mit einem Meteorbumper (Meteor-Puffer) zu umgeben.
Denn oberhalb der Atmosphäre im Weltall würde ein erbsengroßes
Meteoriten-Geschoß ein Raumschiff glatt durchschlagen. Zum
Glück erwies sich so ein Bumper als unnötig. Auf den fast einhun-
dert bemannten Raumschiffen und Tausenden von Satelliten, die
bisher gestartet wurden, hat sich noch kein nachweisbarer Meteor-
treffer ereignet. Schon nur erbsengroße Meteoriten sind so relativ
selten, daß die Kollisionsgefahr in der ungeheuren Weite des
Raumes praktisch unbedeutend wird.

Nun gibt es jedoch nachweislich erheblich größere Brocken. Vor
etwa fünfzigtausend Jahren stürzte ein solcher Koloß in die Wüste
von Arizona (USA) in der Nähe der heutigen Stadt Winslow. Das
kosmische Geschoß hatte etwa die Größe eines Einfamilienhauses
und schlug ein mondkraterartiges Gebilde mit einer Tiefe von
dreihundert Metern und einem Durchmesser von mehr als einem
Kilometer in die Erdoberfläche. Dieser gewaltige Einschlagkrater
blieb im Wüstenklima von Arizona hervorragend erhalten. Solche
kosmischen Umweltkatastrophen haben in der früheren Erdgeschichte schon öfter stattgefunden – sie können sich auch heute
jederzeit wiederholen.

Bedenkt man, daß schon ein hausgroßer Brocken einen solchen
Riesenkrater schlägt, können wir uns ausmalen, was es für einen
Kontinent oder auch für die ganze Erde bedeutet, wenn ein
Riesenbrocken von mehreren Kilometern Durchmesser unseren
Planeten trifft. Zwar sind solche »fliegenden Berge« im Weltall
inzwischen außerordentlich selten. Immerhin aber hat die Erde
während der letzten vier Milliarden Jahre wahrscheinlich mindes-
tens drei dieser Superkollisionen erlebt.

Die Geologen vermuten, daß einige typisch ringförmige Konfigura-
tionen auf der Erde die Hinterlassenschaft von Riesenmeteoren

sind. Dazu gehört der fast kreisförmige Golf von Mexiko, das Südwestbecken des Schwarzen Meeres und der Aralsee im sowjetischen Zentralasien, mit 63 800 Quadratkilometern der viertgrößte Binnensee der Erde.

Solche wahrhaft erderschütternden Ereignisse verursachen Zerstörungen, die einen ganzen Kontinent erfassen. Selbst wenn so ein Brocken ins Meer fiele, würde uns das nicht viel helfen. Durch den Aufprall entstünde eine Flutwelle, die mehrmals um die ganze Erde liefe und alle flachen Küstengebiete haushoch überschwemmen würde.

Seitdem die Astronomen einen Einblick in diese Irrläufer in unserem Planetensystem haben, beobachten sie gespannt, wenn ein solcher Riesenmeteor mehr oder minder nah an der Erde vorbeifliegt. So hat man kürzlich entdeckt, daß ein größerer Brocken dieser Art, schon fast ein Kleinstplanetoid, Mitte der vierziger Jahre in nur dreifacher Mondentfernung – also in ca. einer Million Kilometer Entfernung – die Erdbahn kreuzte.

Ein Blick zum kraterdurchfurchten Antlitz des Mondes lehrt, daß unsere lebensfreundliche Erde so etwas gut verdaut. Der kosmische Geschoßhagel, der den Mond zerfurchte, traf einst auch die Erde; nur haben hier Wasser, Wind und Wetter (die es auf dem Mond nicht gibt) die Spuren in den meisten Erdregionen gnädig gelöscht.

Inzwischen ist die Entleerung des Sonnensystems von Planetoiden oder Großmeteoriten freilich so weit fortgeschritten, daß eine Bedrohung von dort her doch vernachlässigbar gering erscheinen will.

Selbst wenn wir einen Einsturz eines Riesenmeteoriten auf die Erde betrachten, so kann er dennoch das Leben auf der Erde als Ganzes nicht bedrohen. Gewiß, er kann das Leben über einen halben Kontinent hinweg umbringen, zerstören, vernichten. Was aber passiert auf der anderen Seite der Erde? Dort kommt vielleicht

Eine Supernova (Pfeil Bild links), die im Mai 1940 in dem Spiralnebel NGC 4725 aufblitzte, wo zuvor nur ein   *schwacher Schimmer von Einzelsternen und Gaswolken sichtbar war (rechts).*

ein gewaltiger atmosphärischer Druckstoß an. Es könnte auch zu einer Flutwelle führen. Aber die Lebewesen auf der anderen Seite der Erde, auf den anderen Kontinenten, sind durch eine solche Riesenkatastrophe in ihrem Bestand überhaupt nicht bedroht. Vor allen Dingen gut geschützt sind alle Meereslebewesen. In dieser ursprünglichen Wiege des Lebens kann den Meerestieren und

Meerespflanzen eigentlich gar nichts passieren. Vorstellungen, daß also Meteoreinstürze etwa für die großen Brüche in der Geschichte des Lebens – etwa das Aussterben der Saurier – verantwortlich waren, sind abwegig.

Nun gibt es noch andere Ereignisse, die echt im Weltall beheimatet sind, Riesenkatastrophen, die mit ihren Wirkungen wirklich die ganze Erde und auch das Leben im Meer anpacken könnten. Eine solche kosmische Riesenkatastrophe nennt man eine Supernova. Was versteht man darunter? Es kommt in jedem Jahrhundert etwa zwei-, drei- oder viermal vor, daß an dem sonst völlig unveränderlichen Fixsternhimmel ein neuer Stern auftaucht. Die Astronomen nennen einen solchen Stern eine »Nova«, d. h. ein neuer Stern. Inzwischen haben die Astronomen herausbekommen, daß es sich dabei um Sternexplosionen handelt, wobei in der inneren Struktur des Sterns bei seinem Energieverbrauch sich bestimmte Veränderungen ereignen, die dazu führen, daß der Stern kollabiert, zusammenbricht. Dabei wird eine gewaltige Energiemenge frei, und der Stern wird innerhalb von wenigen Stunden etwa eintausend bis zehntausend Mal so hell, wie er vorher war. Diese Energie verschleudert er natürlich dann sehr schnell, so daß er nach ungefähr einem halben Jahr oder einem Jahr in seiner Helligkeit wieder zu dem kleinen schwachen Stern abgesunken ist, der er vorher war.

Sehr viel seltener jedoch sind solche Ausbrüche, wenn sie sich bei Riesensternen ereignen. Dann allerdings ist der Energieausbruch, die ruckartige Steigerung der Lichtstärke, unerhört viel größer. Man nennt eine solche Erscheinung eine »Supernova«.

In unserer Milchstraße ereignen sich solche Supernova-Ausbrüche etwa maximal fünf Mal in tausend Jahren. Dabei müssen wir allerdings bedenken, daß die meisten von ihnen sehr, sehr weit von uns weg sind; nur diejenigen, die in der Sonnennähe diese Explosionen veranstalten, sind dann allerdings sehr auffallende

Phantasievolle Darstellung für das Erscheinen einer sonnennahen Supernova (Entfernung etwa 50 bis 70 Lichtjahre), wie sie während der Erdgeschichte einige Male aufgetreten sein kann. Die Supernova ist so hell, daß unsere eigene Sonne für einige Monate daneben verblaßt.

Erscheinungen. Der Zufall wollte es, daß in relativ kurzem Abstand, nämlich im Jahre 1572 und dann schon wieder 1604, zwei solche Supernovae aufgetaucht sind. Die erste wurde von dem Astronomen Tycho Brahe beobachtet und die zweite von Johannes Kepler Diese Sterne sind so hell, daß sie auch am Tage sichtbar bleiben. Dabei waren diese beiden Supernovae, auch wenn sie am Tage als sehr helle Sterne für etwa einige Wochen sichtbar waren, viele Hunderte, ja Tausende von Lichtjahren entfernt.

Was aber würde passieren, wenn eine solche Supernova in Sonnennähe ausbräche – also etwa ein Nachbarstern in der Nähe der Sonne, sagen wir mal in einer Entfernung von 70 Lichtjahren? Der Helligkeitsausbruch einer Supernova ist so unvorstellbar groß, daß selbst über diese große Entfernung dieser Stern praktisch so hell wäre wie eine zweite Sonne. Er würde dann für mehrere Wochen am Himmel hängen. Das kann natürlich nicht ohne Einfluß auf das Leben sein.

Nicht nur würde die gewaltige Energie des Sternes unser Wetter völlig in Unordnung bringen, nein, zugleich mit diesem Supernova-Ausbruch werden auch gewaltige Teilchenstrahlen ausgestoßen, so daß heute viele Astronomen der Meinung sind, daß die berühmte Weltraumstrahlung, die das ganze Weltall durchsetzt, von vergangenen Supernova-Ausbrüchen in unserer Milchstraße herstammt. Ein sonnennaher Supernova-Ausbruch würde daher die Erde mit einer Strahlungsflut von Ultrastrahlung überschütten, die das Leben erheblich beeinträchtigen würde.

Man könnte sich vorstellen, daß die Strahlung dann die gesamte Biologie auf der Erde beeinflussen würde. Sie würde sozusagen die genetische Substanz allen Lebens der Pflanzen und der Tiere in einen Schmelztiegel werfen und zu gewaltigen Mutationsstößen Anlaß geben. Das würde nicht nur auf dem Land passieren, sondern auch im Meer, da ja die größte Masse des ozeanischen Lebens in den obersten zwei- bis dreihundert Metern unter der Wasseroberfläche beheimatet ist, und so tief würde die Strahlung auch reichen. Ein solcher sonnennaher Supernova-Ausbruch würde uns dann erklären, wieso sich in der Geschichte des Lebens gelegentlich sehr schnell weltweit Entwicklungsstöße ereignet haben, die das Schicksal des Lebens auf der Erde deutlich veränderten.

Während des Krieges hatten wir deutschen Wissenschaftler keinen so guten Zugang zu den Ergebnissen unserer amerikanischen Kollegen. Und erst nach dem Kriege, im Jahre 1945, habe ich die neuesten Forschungen über Supernovae aus Amerika zu Gesicht bekommen. Darunter vor allen Dingen die hervorragenden Beobachtungen und Forschungen des schweizerisch-amerikanischen Astronomen Dr. Fritz Zwicky. Dr. Zwicky hat auch Angaben gemacht über die Häufigkeit von Supernovae in unserer Milchstraße. Und ich habe damals überschlagen, daß ungefähr alle dreihundert Millionen Jahre eine sonnennahe Supernova erscheinen könnte, deren Strahlenflut das Leben auf der Erde entscheidend beeinflussen könnte. Das wäre ein biologischer Eingriff, der wesentlich tiefer greift als etwa ein Meteoriteneinschlag oder ein Klimaumsturz auf der Erde. Wir haben uns ja vorhin überlegt, daß diese Ereignisse das Leben nicht sehr stark beeinflussen können. Eine Supernova sonnennah könnte jedoch wirklich das Leben umstülpen.

Diese Hypothese habe ich 1946 bei einem Symposium im Kaiser-Wilhelm-Institut für Medizin in Heidelberg zum besten gegeben. Ich habe diese Theorie allerdings nicht veröffentlicht. Und etwa ein Dutzend Jahre später hat einer meiner sowjetischen Kollegen den gleichen Gedanken geäußert. Er und ich sind uns natürlich nicht gänzlich sicher, ob es wirklich so gewesen ist. Diese Dinge kann man nicht bündig entscheiden. Es sind nur Möglichkeiten, die großen Brüche in der Entwicklung des Lebens auf der Erde zu erklären. Vor allen Dingen, wenn man bedenkt, daß sie ja so selten sind – wenn alle dreihundert Millionen Jahre eine solche sonnennahe Supernova das Erbgut des gesamten Lebens in den Tiegel hineinwirft, dann läßt sich das mit der Entwicklung des Lebens auf der Erde durchaus vereinbaren.

Diese etwas kühne Hypothese über kosmische Katastrophen, die vielleicht das Leben auf der Erde weltweit zu Land und im Meer beeinflussen und umgestalten können, sind natürlich weit hergeholt und auch nicht zu beweisen – aber auch nicht zu widerlegen.

Diese Überlegungen beweisen nur wieder von neuem, daß das Leben auf unserer Erde und seine Entwicklung immer noch ein großes Rätsel ist. In diesem Rätsel jedoch steckt der ungeheure Reiz, sich mit diesem Problem immer wieder von neuem als Wissenschaftler zu befassen.

10

Die Zukunft des irdischen Lebens

Diese Überschrift des letzten Kapitels erweckt in uns Menschen bei unserer egozentrischen Denkweise sofort die Idee, daß sich das auf uns selbst bezöge. Dabei handelt dieses Buch doch vom irdischen Leben als Ganzem.

So wird heute soviel darüber geredet, daß wir modernen Menschen die Erde zerstören, die Luft, das Land, das Meer mit unserer Chemie vergiften und sie mit radioaktiven Abfällen unbewohnbar machen. Ja, es ist sogar die Rede davon, daß wir in weiteren knapp fünfzig Jahren des nuklearen Zeitalters das gesamte Leben mit seiner unvorstellbar langen Geschichte zerstören würden.

Das sind natürlich völlig unvertretbare Übertreibungen. Obwohl wir uns Menschen damit schweren Schaden zufügen und auch schwerwiegende Eingriffe in die Biosphäre unseres Planeten verursachen, so überschätzen wir uns dabei doch bei weitem. So ist es in den letzten Jahrzehnten bei besorgten Naturschützern – zum Teil mit Recht – Mode geworden, aus allen Konsequenzen unserer technischen Aktivität gleich eine weltweite und alle Zukunft gefährdende Katastrophe zu konstruieren. Vor allen Dingen jüngere Wissenschaftler – Biochemiker, Radiologen, Meteorologen und Ozeanographen – gefallen sich heute in der Rolle von Katastrophenpropheten.

Schematische Darstellung für die beiden Möglichkei-
ten der zukünftigen Entwicklung des irdischen Klimas:
entweder starke Erwärmung, so daß in Deutschland
Palmen wachsen, oder eine neue Eiszeit mit riesigen
Gletschern in Mitteleuropa.

Unterstützt werden sie dabei von den modernen Medien. Diese sehen in der Fortführung der bisherigen Praktiken der Menschheit ein großes Unheil für die Zukunft, und solche Äußerungen, die nur aus den engen Fachbereichen der Wissenschaftler stammen, sind für den Journalisten natürlich ein Festessen. Das macht Schlagzeilen. Man kann heute geradezu von einer »journalistischen Katastropheninindustrie« sprechen. So ernst solche Warnungen auch zu nehmen sind, so stellen sie sich für den erfahrenen Fachwissenschaftler doch vielfach als unverantwortliche Übertreibungen heraus. So schlimm, wie es uns heute eingeredet wird, ist es nämlich gar nicht. Das Schwerstwiegende dabei nämlich ist, daß die Hauptbedrohung für den Fortbestand der Menschheit meist völlig ignoriert wird: die Überbevölkerung des Planeten. Von dieser akutesten Gefahr für unsere Zukunft spricht fast keiner. In fünfzig Jahren wird die chemische und radioaktive Verschmutzung unserer Umwelt verglichen mit den sozialen und menschlichen Gefahren einer Population von acht oder zehn Milliarden Menschen auf dieser Erde nur noch die zweite Rolle spielen.

Über die heute so modernen Katastrophenpropheten, welche das Ende des Lebens auf der Erde voraussagen – ja, darüber kann die Erde nur lachen. Wir machen uns höchstens selbst kaputt und ziehen vielleicht auch eine ganze unübersehbare Reihe von Lebewesen mit in den Abgrund. Unserem blauen Planeten mit der unbesiegbaren Kraft des Lebens können wir gar nichts anhaben. Wenn wir Menschen verschwunden sein werden, braucht die Erde noch nicht einmal einen Tag in unserem Kalender, um den ganzen Schmutz spurlos wegzufegen. Noch während der ersten Stunden des 1. Januar des neuen Jahres in unserem Kalender ist mit einer ganzen Staffel von Eiszeiten zu rechnen, und diese Besen kehren gut.

So können wir uns einen Dialog zwischen dem Mond und der Erde vielleicht Mitte Januar des nächsten Jahres in unserem Kalender vorstellen. Der Mond wendet sich an die Erde und sagt: »Entschuldigen Sie, gnädige Frau, geht es Ihnen wieder etwas besser?« Darauf antwortet die Erde: »Ach, Sie meinen wohl den kleinen Hautausschlag, den ich neulich gehabt habe. Der ist völlig vergessen.« Der Mond antwortet: »Ja, ich habe es auch ein bißchen gehabt. Ich habe noch ein paar Trümmer auf mir herumliegen, aber die machen überhaupt nichts aus. Die hab ich praktisch auch schon wieder vergessen.«

Nach der nächsten Eiszeit wird alles weggeräumt sein, die Hochhäuser, die Autobahnen, der ganze Schmutz und Dreck. Und wenn die Gletscher sich dann wieder zurückziehen, dann werden wieder blitzblanke blaue Seen übrig bleiben, genau so, wie es in der Vergangenheit immer wieder der Fall war. Wir Menschen überschätzen uns, wenn wir sagen, daß wir die Erde vernichten. Diesem großartigen Planeten können wir auf die Dauer keinen Schaden zufügen. Die Kräfte seiner Regeneration sind vor allen Dingen in ihren zeitlichen Ausmaßen jenseits aller Grenzen unseres Vorstellungsvermögens. Die Erde kann nicht von den Menschen zerstört werden. Wir können sie nur für uns, d. h. für die Lebensdauer der Menschen, unbewohnbar machen. Für uns. Aber die Erde selber bleibt immer dieselbe. Sie wird auch in Zukunft immer noch dem Leben eine Heimstatt bieten können, auch wenn wir als Menschen nicht mehr da sind.

So wird die Evolution auch immer wieder ihren Fortgang nehmen. Viele Tierarten, die unserer eigenen Sucht zum Opfer fallen, werden durch neue, vielleicht viel phantasievollere Schöpfungen der Evolution ersetzt werden. Nur erleben wir als Menschen das nicht mehr – was wir töten, bleibt für uns tot. Da gibt es für unsere eigene Zukunft keinen Ersatz.

In der Zukunft der Erde jedoch kann es nach unserem Abgang für uns als intelligente Wesen durchaus einen Ersatz geben. Wer sagt es denn, daß die Schöpfung sich mit diesem ersten Versuch, Intelli-

Neuseeland als Beispiel einer unberührten Landschaft, wie sie vielleicht weltweit nach der nächsten Eiszeit wieder auftauchen wird.

genz zu schaffen, zufrieden geben würde? Der geistreiche Schrift-
steller Arthur Koestler hat uns einmal als einen »Irrläufer der
Evolution« bezeichnet. So ist es durchaus möglich, ja sogar wahrscheinlich, daß die Schöpfung es mit der Erfindung der Intelligenz
noch einmal versuchen wird. Dabei kann sie durchaus auch Wege
gehen, die den menschlichen Begriff unserer eigenen Intelligenz
sprengen. Wir haben ja gar keine Ahnung davon, was in der
Schöpfungskraft noch drin steckt.

Betrachten wir einmal die Delphine, die mit ihrer Klugheit und mit
ihrem hochentwickelten Kommunikationssystem schon fast
menschlich wirken. Jüngst hat ein junger amerikanischer Verhal-
tensforscher es abgelehnt, weiter mit Delphinen zu experimentie-
ren – er könne das, erklärte er, bei ihrer Intelligenz ethisch nicht
mehr verantworten. So ist es durchaus denkbar, daß dererlei
intelligente Geschöpfe in der fernen Zukunft der Erde uns Menschen als intelligente Wesen ersetzen und uns sogar überlegen sein
werden. Ja, es könnte sogar sein, daß diese Wesen eine rein geistige
Intelligenz besitzen, eine geistige Kommunikation, und daß sie
auch vielleicht überhaupt gar keine Werkzeuge brauchen, wie wir.
Vielleicht brauchen sie auch keine Medizin, weil sie mit Ihrer
überlegenen Intelligenz und ihrem hochentwickelten Nervensystem sich selbst heilen können.

Wir kennen ja nur eine Form der Intelligenz, gebunden an die
typischen Denkformen des homo sapiens. Aber es sind auch ganz
andere Strukturen des Denkens, des Gemütes, des Künstlerischen,
der Empfindung und des Glückerlebens denkbar, die alle in der
biologischen Potenz des Nervensystems untergebracht werden
können. Mit der Erschaffung des menschlichen Gehirns hat die
Schöpfung vielleicht nur einen ersten Versuch unternommen. So
könnte sich das Geistige bei intelligenten Geschöpfen der Zukunft
auf einer ganz anderen, uns unvorstellbaren Ebene abspielen.
Vielleicht werden diese Geschöpfe ohne die Erbsünde leben.

Astronomen und Biologen von heute sind der einhelligen Meinung, daß die irdische Menschheit bestimmt nicht die einzige intelligente Lebensform in den Tiefen des Alls ist. Bestimmt gab es, gibt es und wird es auch andere vernunftbegabte Wesen geben, die gleich uns ihre Blicke fragend in das Universum richten. Doch wenn wir nach intelligenten Brüdern Ausschau halten, brauchen wir vielleicht gar nicht in die Tiefen des Alls vorzustoßen. Da ist eben auch die Zeit, das Geheimnis des Lebens, deren unvorstellbare Erstreckung wir uns ja jetzt vorgeführt haben. Wie steht es da mit der Zukunft des Lebens auf unserer eigenen Erde? Da ist bestimmt noch allerhand möglich.

Wir sollen uns als Eintagsfliegen in der Gesamtgeschichte der Erde, nicht als die Krone der Schöpfung betrachten. Vielleicht werden nach uns völlig andere, uns zur Zeit noch unvorstellbare intelligente Rassen entwickelt, die uns weit überlegen sein können.

Es bleibt dabei: Wir können uns überhaupt keine Vorstellung davon machen, was sich noch alles ereignen und entwickeln wird, ebensowenig wie ein Fisch vor 400 Millionen Jahren sich einen Vogel von heute hätte vorstellen können. Bei den Schöpfungen der Zukunft wird es die Natur mit der Erfindung der Intelligenz bestimmt noch einmal versuchen. Wenn nicht im Februar des nächsten Jahres unseres Kalenders, dann vielleicht im Juni. Wie wir ja gesehen haben, benötigt sie vom Ansatz bis zur relativen Reife nur ein paar Stunden oder allenfalls Tage.

Für jeden nachdenklichen Menschen kann diese Schöpfungskraft der Natur mit ihren unvorstellbar langen Zeitläufen doch nur tröstlich sein. Denn so gelungen, wie wir Menschen uns selbst immer wieder empfinden, sind wir eigentlich doch nicht.

Bildnachweis